測量は地球表面を科学する技術

●宇宙から地球を見守るリモートセンシング[1]

1. 衛星から見た地球

① 昼の地球（NOAA） AVHRR（改良型超高解像度放射計）センサーによる植生分布画像：緑色が植物，青色が水域，茶色が砂漠を表す

② 夜の地球（DMSP） 夜の光分布画像（1980年代後半観測）：オーロラ，都市の光，油田の炎，焼き畑等が明るく映し出されている

2. 海洋観測衛星「もも」が上空909 kmから可視近赤外放射センサーで観測　日本全体を観測するのに28日かかるので雲などのない日に観測した28回分のデータを組み合わせたもの
白色：雲，雪，火山の噴煙
赤茶色：山林，農作物
青緑：田植え後の水田，市街地

© RESTEC

© RESTEC/広島工業大学

③ 世界の夏（NOAA）中緯度地帯に砂漠が多いことがわかる

© 東海大学情報技術センター

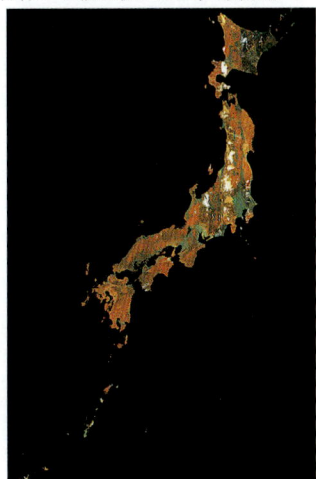
© NASDA

●衛星からの電波を受けながら地上の測量を行う　[写真提供：国際航業(株)]

1. 地上測量には基準点が重要

① 山頂にある一等三角点

② 山頂にある一等三角点からのGPSによる基準点測量

③ 測標

④ 一等水準点

2. トータルステーションおよびGPS（キネマティック）による測量

① トータルステーション

② 測量したディジタル点と他のディジタル点とをペンパソコンで結ぶ作業

③ トータルステーションによるディジタル平板測量

④ GPS（キネマティック）によるディジタル平板測量

3. 造成工事のGPS測量　[①②：青森県十和田市，細川撮影，③～⑥写真提供：(株)フジタ東北支店]

 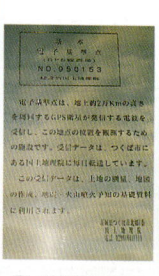    

① 国土地理院が設置した電子基準点
② 説明用プレート
③ 工事現場における基準点設置
④ リアルタイムGPS (RTK) 基準局
　左：指定小電力無線機
　右：RTKアンテナ
⑤ 平坦地の移動局
⑥ 起伏地の移動局

● 工事現場の測量も近代化が進んでいる

1. 水路や道路工事の丁張　[写真：細川撮影]

① 奥のU字溝の延長工事の心出しに使われる光波測距儀
② 中心線の水糸から掘削部の丁張の位置決め作業
③ ピンポールプリズムで簡単に中心線が決められる
④ スラントルールを用いて法勾配のぬき板を打つ作業
⑤ 道路工事の盛土部の丁張

2. 基礎工事の引照点と回転レーザーレベルによる基礎掘削　[写真：細川撮影]

① 基礎工事用引照点 (手前の赤い杭，向こう側にもある)
② 回転レーザーレベル (手前) から発したレーザーを受けるセンサー (奥の作業員のもつスタッフに所定の高さで取り付ける) で掘削深管理を行う

3. バーコードスタッフを用いた電子レベル測量　[写真提供：国際航業(株)]

① 電子 (レーザー) レベル
② バーコードスタッフ

●防災に役立つ航空写真 ［写真提供：国際航業(株)］
① 黒部ダム周辺の渓谷部崩落調査　② 1995年1月17日の阪神・淡路大震災（兵庫県南部地震 M 7.2）による被害
　　　　　　　　　　　　　　　　　　その1：阪神高速道路3号神戸線の高架橋脚の破壊状況
　　　　　　　　　　　　　　　　　　──マスメディアへの情報提供と延焼防止・災害復旧に利用──

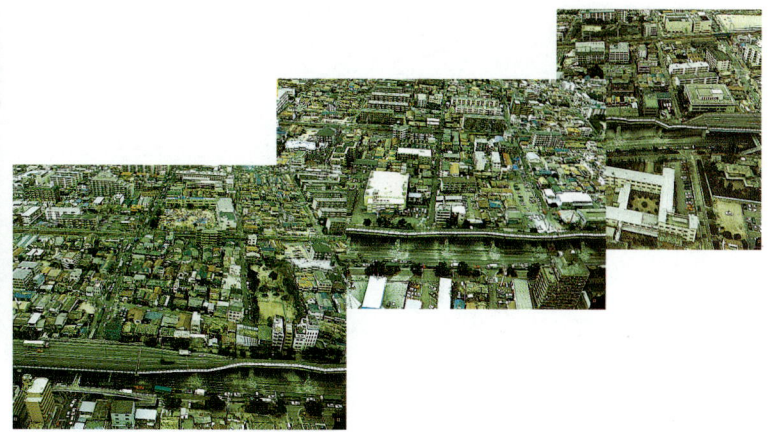

その2：神戸市中央区ポートアイランドの液状化現象

この部分の拡大

上の写真の右上部分の拡大写真：建物周辺の噴砂状況が明瞭である

●航空写真とディジタル写真計測技術　[写真提供：国際航業(株)]
　1：美しい緑のモザイク
　　ため池が写真の右上と下にあり，幹線水路が右上のため池から延びている。きちんと区画された田畑は航空写真から作成された地図をもとに設計・施工されたものである

　2．ディジタル写真計測技術

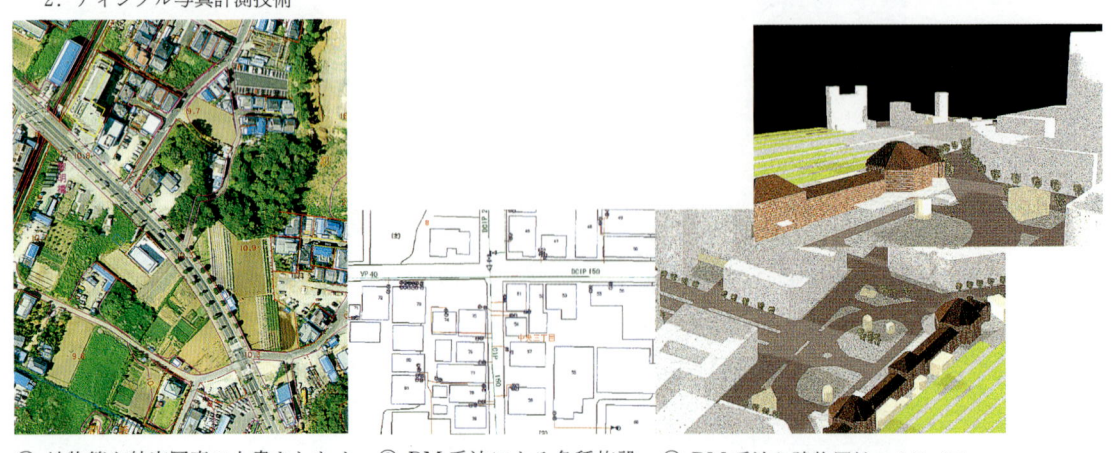

① 地物等を航空写真に上書きしたオルソーDM（ディジタルマッピング）合成図
② DM手法による各種施設管理図の作成
③ DM手法と建物属性の3D（三次元）表示（上は方向を変えて見た図）

よくわかる測量実習（増補）

細川　吉晴
西田　修三
今野　惠喜
藤原　広和
諸泉　利嗣
守田　秀則
共　著

コロナ社

まえがき

　測量は，地球表面を科学する学問のひとつであるといえる。私たちが地球表面に住んでいる以上，常に測量という科学に接していることになるのだが，その測量をさらに理解するには自らその実習を通して学ぶのが近道である。

　本書は測量実習を行う際の手引きであり，大学や高専，専門学校などの学生諸君や一般の技術者の実務専門書として最適なものとしてすすめたい。それは，本書が，実習に際して進んで取り組み，レポートを仕上げ演習をこなしながらおのずと測量技術を習得できるように著され，とくに新しい測量技術も習得でき，しかも現場に配属されてからも役立つように工夫されているためである。また，測量実習の指導者向けに，知識・実習内容・レポート・演習の順に記載するとともに，実習のデータシート（野帳）もコピー用に添付し演習には測量士補等の問題も取り入れているので，活用しやすいと思われる。

　著者らの学生時代には使い古されたバーニヤ式トランシットやレベルを扱い手動のプラニメーターを回していたものであるが，最近では街角で光波測量をしている情景が日常的に見られるようになり，しかも角度や距離も一目で簡単に読み取れるようになってきた。また，光波測距儀や電磁波測距儀により高精度の測距が可能となり三角測量から三辺測量へ進歩し，またトータルステーションの技術，人工衛星を利用したGPSやリモートセンシングの技術，地理情報を取り込んだGISの技術など多種多様な測量技術が顕著になってきている。このように測量技術は，まさに高度化と多様化に向かっているといえよう。

　こうした技術の進歩に，測量技術の指導者はどのようにその教育に対処したらよいのだろうか。実際には戸惑いが多いし，新しい測量器械は高額で思うように購入できないのが実情であるから，学生全体に教育するために1台あるいは数台用意して，同時に古い器械も大事に使いながら測量技術を教えているのが実態であろう。また，測量技術はその基礎的なことがらが大事であるが，例えばバーニヤの読み方を学生に徹底して教えたとしても，卒業後に彼らが直面するのは実務的技術でありディジタル読みの器械だったりする。あるいは逆に，新しい器械を導入して教育しても，配属された現場では旧態依然の古い器械のオンパレードだったりする。こうした状況をかんがみると，測量技術の近代化が進むなかで新旧の技術的度合いをどのように教育したらよいか，そのジレンマは指導者にとって極めて深刻でもある。

　測量教育は実学であり，その技術指導としていろいろな実習を通して理解させることが基本的に重要である。新しい建設省公共測量作業規程が平成7年11月に改定され，平成8年

まえがき

4月から適用になったのを機に,測量技術を指導する仲間が集まり,わかりやすい内容と新しい技術を導入した本書を企画して,早くも2年近くが経過した。すでに各自が手書きの資料などで実習指導を行っていたので事は早く進むと思っていたが,前述のような新旧の測量技術を本書にどのように盛り込むかに時間を要した。例えば,古くはトランシットといっていたものが今ではセオドライトに,そしてバーニヤ読みから直読のディジタル読みに変わり,電子レベルまで登場している。そこで,本書にはできるだけ新しい器機・技術を基本に盛り込み,それに対応した用語等を使用し,トランシット等の古い内容は一括して巻末に掲載し,多様な器機・技術に対処できるように配慮した。また,工事測量やGPS測量の基礎についても記載し,最新測量技術の理解を助けるためにそれらの情報を口絵に載せ,測量の高度化と多様化に多少なりとも対応させたつもりである。さらに,本書は測量実習にすぐに利用できる形をなしている。すなわち,各項目の実習が半日用であるからシラバスに基づき半年15コマあるいは通年30コマに区切りができ,さらに構内敷地の事情や班編成等に合わせて必要な実習項目を適宜選択して組み立てられ,必要最小限の指示を学生にするだけで進められるようになっている。

本書を著すにあたり国際航業(株)東関東支店 櫛田信夫氏,(株)フジタ東北支店 城 和裕氏および各測量器機メーカーから各種の航空写真や測量現場写真,測量関連資料を提供していただいた。ここに記して感謝申し上げる。また,執筆に際し引用した多数の文献の著者,ならびに,出版に際しお世話になった(株)コロナ社の皆様に対し,心からお礼申し上げる次第である。

1998年3月

著者代表 細川 吉晴

増補にあたって

　本書は「まえがき」でも記しているように，測量実習を行う際の手引きとして，実習に取り組み，レポートを仕上げ，演習をこなしながらおのずと測量技術を習得できるようにと，測量技術を指導する仲間が集まり企画し，1998年に刊行しました。刊行以来，主に大学・高専の土木・環境系，建築系等で採用していただき，ちょうど10年が経過しました。その間，読者の率直なご意見やご指摘をいただき，その都度改め，毎年地道に重版を重ねてきました。その間にも測量機器・技術の進歩は著しく，特にGPS・リモートセンシング・GISの発展は目覚しく今回新たな著者を加え，X章を中心に増補することになりました。

　X章は見出しを「GPS測量」から「空間情報技術（GPS・RS・GIS）を用いた測量」とし，GPS（global positioning system，汎地球測位システム），RS（remote sensing，リモートセンシング），GIS（geographic information system，地理情報システム）の3S技術について，新たに三つの実習を加えました。

　X章以外については，目次構成はそのままとし，見直しを行い，古い内容を刷新する方針で改めました。

　また，全体的には各実習において，これまで同様，知識・実習内容・レポート・演習の構成は変えず，新たに加えた実習も基本的には，この順で記載しています。

　以上の点に留意して増補を行いましたが，内容の不備や誤りについては，旧版同様，読者のご意見，ご教示により随時改めて参りたいと思います。

　増補にあたり，各測量機器メーカーには関連資料を提供していただきました。ここに記して感謝申し上げます。また，執筆に際し引用した多数の文献の著者，ならびに増補の出版に際しお世話になった（株）コロナ社の皆様に対し，心よりお礼申し上げます。

2008年2月

著者代表　藤原　広和

目　　次

I.　測量実習の基礎
【実習1】　測量実習における基本事項 ……………………………………………………… 1

II.　距　離　測　量
【実習2】　目測，歩測，巻尺による距離測量 ……………………………………………… 7
【実習3】　鋼巻尺による精密距離測量 ……………………………………………………… 12

III.　平　板　測　量
【実習4】　放射法による骨組測量 …………………………………………………………… 17
【実習5】　道線法による骨組測量 …………………………………………………………… 21
【実習6】　細部測量・製図 …………………………………………………………………… 24

IV.　水　準　測　量
【実習7】　閉合水準測量 ……………………………………………………………………… 27
【実習8】　B.M. 決定のための往復水準測量 ……………………………………………… 34

V.　トラバース測量
【実習9】　セオドライトの操作と測角 ……………………………………………………… 38
【実習10】　閉合トラバース測量 ……………………………………………………………… 44
【実習11】　平板による細部測量 ……………………………………………………………… 50

VI.　地　形　測　量
【実習12】　アリダードとセオドライトによる距離測量・高低測量 …………………… 51
【実習13】　地形図の作成 ……………………………………………………………………… 56

VII.　三角・三辺測量
【実習14】　三角測量 …………………………………………………………………………… 61

【実習15】　三辺測量 ·· 66

VIII.　路　線　測　量

【実習16】　簡単な単心曲線の設置に伴う諸量の計算 ································ 69
【実習17】　簡単な単心曲線の設置 ·· 73
【実習18】　縦横断測量 ··· 78
【実習19】　製図・土量等の計算 ·· 81

IX.　工　事　測　量

【実習20】　工事測量における丁張の設置方法 ······································· 87

X.　空間情報技術（GNSS/GPS・RS・GIS）を用いた測量

【実習21】　GPS受信機を利用した簡単な距離測量 ··································· 91
【実習22】　キネマティック測位 ·· 95
【実習23】　衛星画像を用いた植生指標の算出と土地利用分類 ······················· 97
【実習24】　GISを用いた地形情報解析 ··· 104

XI.　面積・土量の計算

【実習25】　プラニメーターによる面積測定 ··· 110
【実習26】　断面平均法と点高法，土地の分割，土量の計算・貯水量等の計算 ······ 114

XII.　写　真　測　量

【実習27】　実体鏡を利用した写真測量の基礎 ······································· 122

【巻末資料1】　数学公式 ·· 129
【巻末資料2】　国土数値情報 ·· 131
【巻末資料3】　地図記号 ·· 132
【巻末資料4】　地図記号の書き方 ·· 133
【巻末資料5】　チルチングレベルとオートレベルの取扱い方法 ······················ 134
【巻末資料6】　セオドライトのすえつけ方法 ·· 138
【巻末資料7】　角度目盛の読み方 ·· 140
【巻末資料8】　GNSS/GPS測量に関する知識 ··· 141
【巻末資料9】　固定式（ポーラ型）プラニメーターの利用方法 ······················· 144

【演習シート】　測量の基礎【実習1】製図演習 ······································· 146

【データシート 1】	測量の基礎【実習 1】三斜法による面積計算	147
【データシート 2】	距離測量【実習 2】結果の整理	148
【データシート 3】	距離測量【実習 3】結果の整理	149
【データシート 4】	水準測量【実習 7】計算結果	150
【データシート 5】	水準測量【実習 8】計算結果-1	151
【データシート 6】	水準測量【実習 8】計算結果-2	152
【データシート 7】	水準測量【実習 8】計算結果-3	153
【データシート 8】	水準測量【実習 8】計算結果-4	154
【データシート 9】	水準測量【実習 8】（器高式）基本野帳	155
【データシート 10】	角測量【実習 9】単測法，倍角法野帳	156
【データシート 11】	角測量【実習 9】方向法野帳	157
【データシート 12】	トラバース測量【実習 10】観測結果一覧	158
【データシート 13】	トラバース測量【実習 10】計算結果-1	159
【データシート 14】	トラバース測量【実習 10】計算結果-2	160
【データシート 15】	地形測量【実習 12】計算結果-1	161
【データシート 16】	地形測量【実習 12】計算結果-2	161
【データシート 17】	地形測量【実習 12】計算結果-3	162
【データシート 18】	三角測量【実習 14】計算結果-1	163
【データシート 19】	三角測量【実習 14】計算結果-2	164
【データシート 20】	三角測量【実習 14】計算結果-3	165
【データシート 21】	三角測量【実習 14】計算結果-4	166
【データシート 22】	三辺測量【実習 15】計算結果-1	167
【データシート 23】	三辺測量【実習 15】計算結果-2	168
【データシート 24】	路線測量【実習 16】計算結果	169
【データシート 25】	路線測量【実習 18】縦断測量の計算結果	170
【データシート 26】	路線測量【実習 18】横断測量の計算結果	171
【データシート 27】	工事測量【実習 20】丁張の設置方法	172
【データシート 28】	空間情報技術を用いた測量【実習 21】GPS 受信機を利用した簡単な距離測量	173
【データシート 29】	空間情報技術を用いた測量【実習 22】キネマティック測位	174
【データシート 30】	写真測量【実習 27】実体鏡を利用した写真測量	175
【データシート 31】	写真測量【実習 27】実体鏡を利用した写真測量	176

引用・参考文献 177
索　引 178

執筆分担　細川吉晴　（口絵, VI, VIII, IX, XI, XII）
　　　　　西田修三　（I , V, VII）
　　　　　今野惠喜　（IV）
　　　　　藤原広和　（II, III）
　　　　　諸泉利嗣　（X）
　　　　　守田秀則　（X）

Ⅰ. 測量実習の基礎

【実習1】 測量実習における基本事項

目的

測量実習を進める上での基本的な事柄を理解する。

知識

（1） 実習作業の心得

① 実習の欠席は原則として認められない。やむを得ぬ理由により欠席した場合については補習を行う。

② 実習に適した衣服を着用し，靴は運動靴等作業しやすいものを用意する。

③ あらかじめ実習の目的と内容を十分理解し，必要な準備を整える。

④ 班長を中心に互いに協力し合い，怠慢な行動をせず能率よく作業を進める。特に車両には気を付けて交通事故に合わぬよう十分注意する。

⑤ 実習時間内に作業が終わるように作業分担を明確にするとともに，班員全員が測量技術の習得が行えるように交替で作業を進める。

⑥ 測量結果は，測定者以外の者にもわかるように，決められた書式で整理を行う。

⑦ 実習レポートには実習項目，班名，番号，氏名等を記した表紙を付けて，A4判形式に整え綴じて提出する。

⑧ 測量結果の整理には巻末のデータシートのコピー（A4判に拡大）を使用し，レポートに添付する。

⑨ レポート，図面等の提出においては，その期限を厳守する。

（2） 器械の取扱い

① 器械器具の搬出・搬入に際しては，指導員の指示に従う。また，器械器具の員数を確認し現地で不足が生じないように注意するとともに，実習終了後は，点検・手入れを確実に行い，指導員に報告する。

② 測量器具は高価なものが多いので，その取扱いには十分な注意を払う。器械の操作方法については取扱い説明書をよく読んで操作する。

③ 器械は必ず両手で丁寧に扱い，衝撃などを加えないようにする。

④ 器械を三脚に取り付ける際は，器械が完全に固定されるまで手を放さないようにする。

⑤ 三脚は十分に踏み込み，転倒しないようにする。特に強風時に注意する。また，器械をすえつけた際は，器械から離れることのないようにする。

⑥ 器械に三脚を取り付けて移動する際は，器械の頭部を前にして両腕で抱えて運搬し，決して肩に担がない。長距離移動する場合は，ケースに格納して運搬する。

（3） 計算処理

① 有効数字　　測量結果の記載においては，有効桁数(けた)を間違えないように注意する。例えば，24.58 m と 24.580 m では前者は cm，後者は mm の精度の測定を示し，精度が 10 倍異なることになる。演算には電卓を使用するが，電卓では有効数字に関係なく演算結果が全桁表示（通常 8 桁）されるので，そのまま転記するのではなく，有効数字を考慮して結果を整理する。四則演算における有効数字は，乗除算では最小有効桁数に合わせ，また，加減算では最終位の最も大きい位に合わせる。

$$32.5081 + 347.2 - 156.771 = 222.9371 \longrightarrow 222.9$$
$$2.5 \div 1.302 \times 0.583 = 1.11943 \longrightarrow 1.1$$
$$5.27 \times 12.38 - 26.33 = 38.9126 \longrightarrow 38.9$$

ある数値の小数点以下 n 桁までをとって，それ以下を省略する（丸める）場合は，$n+1$ 桁目を四捨五入する。より正確な丸めを行うために，以前は五捨五入による方法がとられていたが，コンピュータや電卓による有効桁数の多い計算が可能となり，現在はほとんど用いられていない。測定には常に誤差が伴うため，1/1,000 の精度で結果を得るためには，少なくとも有効数字が 4 桁以上の測定が必要となる。

② 面積計算　　土地の面積の算出など，測量では面積計算が必要となる場合が多い。面積の算出には測量区域（多角形）をいくつかの三角形に区分し，その三角形の底辺と高さから各三角形要素の面積を求め，その総和として面積を算出する三斜法と，三辺長が得られている場合にはヘロンの公式をもとに面積を求める三辺法がある（図1.1，【巻末資料1】参照）。

・三斜法：$S = \dfrac{ch}{2} = \dfrac{1}{2} bc \sin A = \dfrac{1}{2} ca \sin B = \dfrac{1}{2} ab \sin C$

・三辺法（ヘロンの公式）：$S = \sqrt{s(s-a)(s-b)(s-c)}, \qquad s = \dfrac{a+b+c}{2}$

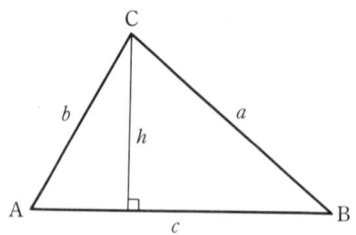

図1.1　三角形要素の記号

閉合トラバース測量などにより n 角形の頂点座標（合緯距，合経距）が算出されている場合には，合緯距法または倍横距法により面積が算定できる。

- 合緯距法：$S = \dfrac{|\sum x_i(y_{i+1}-y_{i-1})|}{2}, \quad i=1\sim n$
- 倍横距法：$S = \dfrac{|\sum (y_{i+1}+y_i)(x_{i+1}-x_i)|}{2}, \quad i=1\sim n$

(4) 製図の基本

① 図紙には伸縮の少ないもの（例えばポリエステルフィルム）を使用する。

② 測量図を利用して距離等を求めるため，地形や地物はできる限り正確に描き，記号（図式）も記入する。

③ 実際の長さに対する図面上の縮小率を縮尺といい，1/200 または 1：200 と表す。縮尺は長さの縮小率を表しているため，1/200 の図面上では面積は実面積の 1/40,000 となる。

④ 図面には必ず縮尺を表示する。土木製図では通則により原則として現尺 1/1 から 1/5,000 までの 20 種類の縮尺で描くこととしている（**表1.1**）。ただし，地形図では 1/10,000 以下の縮尺で表され，国土地理院からは全国を網羅した 1/25,000 地形図等が発行されている。

表 1.1 縮尺の種類

$\dfrac{1}{1}$(現尺)	$\dfrac{1}{2}$	$\dfrac{1}{3}$			
$\dfrac{1}{10}$	$\dfrac{1}{15}$	$\dfrac{1}{20}$	$\dfrac{1}{25}$	$\dfrac{1}{30}$	$\dfrac{1}{40}$	$\dfrac{1}{50}$
$\dfrac{1}{100}$	$\dfrac{1}{200}$	$\dfrac{1}{250}$	$\dfrac{1}{300}$	$\dfrac{1}{500}$	$\dfrac{1}{600}$
$\dfrac{1}{1,000}$	$\dfrac{1}{2,500}$	$\dfrac{1}{3,000}$	$\dfrac{1}{5,000}$		

(5) 新しい測量技術

① トータルステーション　セオドライト（トランシット）と光波測距儀を一体化した器械で，角度（水平角，高度角）と距離を同時に観測できる。さらに，演算機能も内蔵されており，高度角と斜距離より水平距離や鉛直距離の演算も自動化されている。現在，光波測距儀と一般に呼ばれているものはこれを指す。測定された角度と距離はディジタル表示され，データコレクタ（電子野帳）を接続することにより測定データをそのままメモリーに記録することができる。データコレクタに記録されたデータをコンピュータに転送し，計算処理や作図を行えるソフトウェアも用意され，測量作業の効率化が図られている（口絵参照）。

② GPS（global positioning system，汎地球測位システム）　高度約2万kmに配置された衛星からの電波を受信し，位置（緯度，経度，高度）の測定を行うもので，基準点測量等に用いられている．広く普及しているカーナビゲーションもこれを利用したものである．2台以上の受信機を利用して測定した場合（相対測位）には，数cmの精度で2点間距離を求めることができる．現在，国土地理院が中心になって全国にGPSの基準点の配備を進めており，今後，各種測量への利用が拡大すると考えられる（口絵，【実習21】，【実習22】および【巻末資料8】参照）．

③ 数値地図　最近では，航空写真等をもとにコンピュータの画像処理技術を用いて，各地点の標高を数値化したディジタル地図が作成されるようになった（digital mapping, DM）．また，既存の地形図等の地図情報の数値化の方法（map digitize, MD）も開発され，地図データの数値化が進められている．このようにして得られた数値地図情報を用いて，距離や面積の計算，地形の立体表示，他の数値情報と組み合わせた解析も，GIS（geographical information system，地理情報システム）により容易に行えるようになった．国土地理院では，地形データのほか，土地利用分類や道路等の各種国土情報の数値化を進めており，国土数値情報としてデータの提供を行っている（口絵，【実習24】および【巻末資料2】参照）．

実　習

〔使用器具〕　製図用具一式

〔実習手順〕

（1）多角形の面積を求める（図1.2）．

① 【データシート1】に大きく任意の七角形を描く．

② 三角形に分割し，各三角形要素の底辺と高さを測定し【データシート1】に記入する．ただし，図面の縮尺を1/300と考え，実距離を記入する．

③ 三斜法により各三角形要素の面積を計算し，七角形の面積を求める．

（2）製図の演習　【演習シート】の指示に従い，線，数字，文字を描く（図1.3）．

レポート

【データシート1】，【演習シート】をまとめて提出する．

演　習

（1）有効数字を考慮して以下の計算を行え．

① $135.25+27.358+274.3$

実習1　測量実習における基本事項　　5

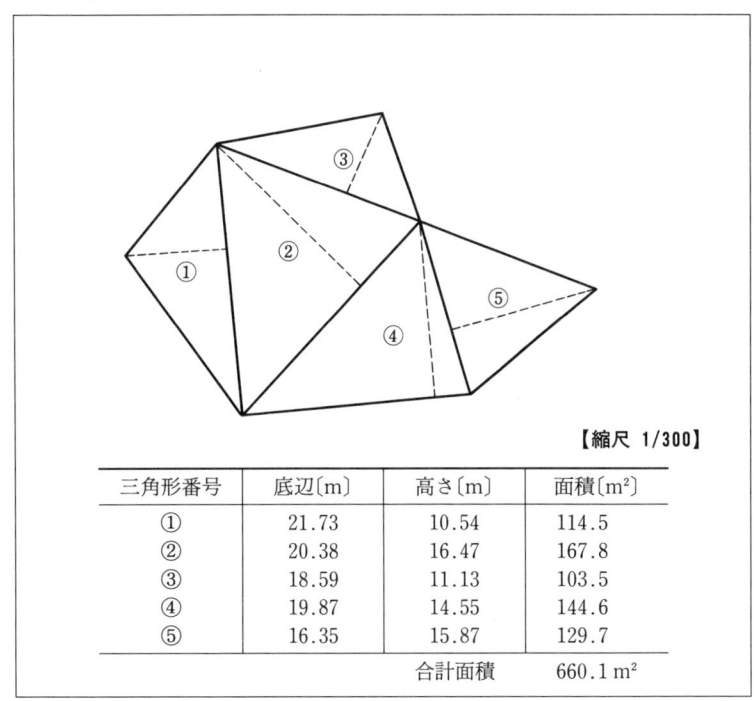

図1.2　三斜法による面積計算

図1.3　文　字　書　体

I．測量実習の基礎

② $38.373 \times 25.47 \div 246.27$

③ $5.743 \times 24.375 + 123.2$

（2） 次の計算の結果を小数第4位まで求めよ。

① $\sin(38°24'10'') \times \cos(127°52'40'')$

② $\log\{\sin(47°35'30'')\} + \log\{\sin(62°12'50'')\}$

（3） 縮尺 1/300 の図面において図紙上で面積が 25.32 cm² と得られた。実際の面積を求めよ。

（4） 実習で描いた七角形の面積を三辺法（ヘロンの公式）により求めよ。

II. 距離測量

【実習2】 目測，歩測，巻尺による距離測量

目 的

自分の目測感覚，歩長を知り，巻尺を用いる簡易な距離測量の技術を習得する。

知 識

（1） 測量では単に距離といえば水平距離を指す。斜面に沿って測定した長さを斜距離という。斜距離を測定した場合は鉛直角あるいは高低差を測定し，水平距離に換算する（図2.1）。

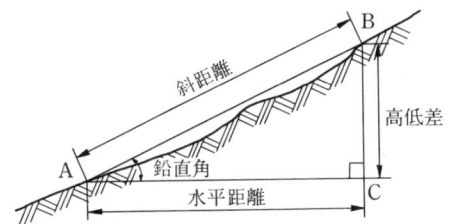

図2.1 距 離

（2） 距離測量は，巻尺などで距離を測定する直接距離測量と幾何学的または物理的な原理を応用して測定する間接距離測量に大別される。

（3） 直接距離測量に使用する巻尺などは，精度の高いものから低いものまで各種のものがある。巻尺は計量法に基づき一定の誤差の範囲内にないものは製造販売が禁止されている。この誤差の範囲を検定公差という。測量にあたっては，所要の精度に応じた器具を用い，精度に応じた測定方法や誤差の処理方法を採用しなければならない。距離測量の精度は，精密な測定を除き一般に較差（往復測定値の差）と平均値の比で表す。

（4） 使用器具類によって期待できる精度を示すと，次のようである。

歩　測　　　　　　　　　　$\dfrac{1}{100} \sim \dfrac{1}{200}$

繊維製巻尺（図2.2）　　　　$\dfrac{1}{1,000} \sim \dfrac{1}{3,000}$ （検定公差は50mもので±77.5mm）

鋼巻尺（図2.3）　　　　　　$\dfrac{1}{5,000} \sim \dfrac{1}{30,000}$ （検定公差は50mもので±10mm）

8   II. 距離測量

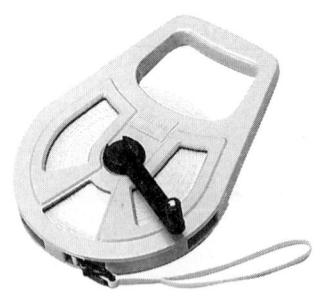

図2.2 繊維製巻尺[2]

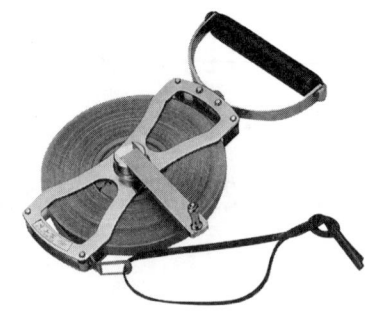

図2.3 鋼巻尺[2]

インバール基線尺(図2.4)　　$\dfrac{1}{10,000} \sim \dfrac{1}{1,000,000}$

平板測量などの高い精度を必要としない測量では繊維製巻尺が，トラバース測量や三角測量などの高い精度を要求される測量では鋼巻尺が用いられる。特に精密な測定を要する場合はインバール基線尺が用いられる。また，測量用ロープ（図2.5）は山林や水辺などでの概測に便利であり，最小目盛は5cmである。

図2.4 インバール基線尺[2]

図2.5 測量用ロープ[2]

（5）　巻尺には器差が明記されていない。精密な測定をするときは，温度，張力などを一定にして，標準の長さと比較検定する必要がある。検定の結果によって求められた補正値を特性値または尺定数という。

$$C_c = \dfrac{\delta l}{S}$$

ここに，C_c は特性値による補正量，δ は巻尺の特性値，l は測定距離，S は巻尺の長さである。

（6）　2点間の距離が，使用する巻尺より長い場合，次のように見通しを行い，中間点を設けて区間ごとに測定する（図2.6）。

実習2 目測，歩測，巻尺による距離測量　　9

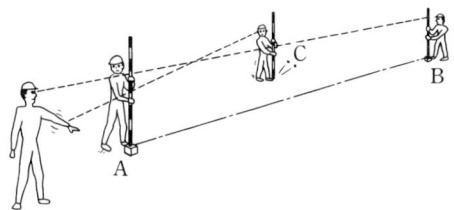

図2.6　直線の見通し

① 測点A，Bにポールを立てる。ポールマンAは見通しする者の障害とならないように測線の横に立ち，ポールをできるだけまっすぐ立てる。ポールマンBは測点Aを向いてポールをまっすぐ立てる。

② 見通しを行う者はAB測線の延長上で測点Aから数メートル離れた位置に立つ。ポールマンCはAB測線上だと思う位置に仮にポールを立てる。このときA点からC点までの距離は1測長よりやや短めにとる。

③ 見通しする者はA，Bのポールを両眼で同時に見通し，ポールマンCを合図により誘導する。ポールマンCは見通しする者の合図によりAB測線上にポールを立てる。ポールを動かすときは測線に直角方向に移動するのではなく，斜め方向に移動させるとポールの移動量を細かくできる。

（7）傾斜地での測距には降測法と登測法がある（図2.7）。降測法は登測法に比較して精度が高いので，なるべく降測法によるべきである。

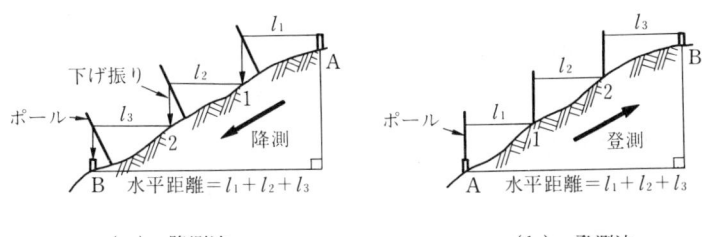

（a）降測法　　　　　　　　　（b）登測法

図2.7　傾斜地の距離測量

〔実　習〕

〔使用器具〕鋼巻尺1個，ポール3本，ピンポール4本

〔実習手順〕

（1）歩長の測定

① 一定距離区間，例えば20mを巻尺で測定しピンポールなどで印を付けておく。

② この区間を歩くのに要する歩数を数え（往復測定する），各自の歩長（歩幅）を求める。

（2）目測および歩測　平坦地であらかじめ杭が打たれている2点AB間の距離を測

II. 距 離 測 量

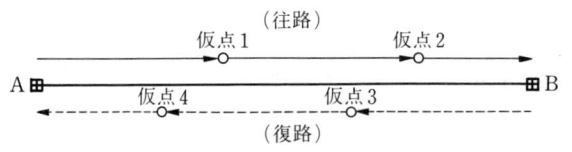

図 2.8 距離の測定

定する（図 2.8）。

① 指定された 2 点間 AB のおよその距離が何メートルに見えるか，目測により求める。

② 同じ 2 点間 AB の距離を歩くのに要する歩数を数え，（1）で求めた歩長によりこの区間の距離を求める（往復測定する）。

（3） 巻尺による距離測量（（2）と同様の区間で行う）

① ポールを用い，測線 AB の見通し線上に 1 測長よりやや短い点を仮に定める（知識（6）参照）。

② 測点 A に巻尺の 0m 端を置き，測線上に巻尺をねじれないように張る。

③ 測点 A に 0m を合わせ，巻尺の終端を仮点に沿って引く。

④ 0m 端の者は 0m が A 点と一致していることを確認し，終端の者は最終目盛位置をピンポールなどで地上に印す（仮点 1）。記帳手の「よーい！」の掛け声により巻尺をもう一度張り，「どん！」の合図で，測点 A（後端）と仮点 1（前端）の読みを同時にとる。この後，次の区間に移動するが，印したピンポールなどを動かしてはいけない。

⑤ 仮点 1～2 は，①から④と同様の作業を繰り返して測定する。

⑥ 仮点 2～測点 B は 1 測長区間と同様に測定し，記帳する。

⑦ 測点 B から測点 A の方向に①～⑥の作業を行う。

⑧ ここでは精度 1/5,000 を目標として測定を行い，測定終了後その場で精度を計算し確認する。例えば，精度が 1/4,500 の場合は再測する。

レポート

（1） 実習手順（1），（2），（3）の結果を表 2.1 のようにまとめる（【データシート 2】）。

（2） 目測，歩測および巻尺による測定結果を比較し，考察する。

演 習

（1） ある距離を 2 回測定して次の結果を得た。この平均値と精度を求めよ。

$l_1 = 129.745 \text{m}, \quad l_2 = 129.741 \text{m}$

（2） 正しい 20m の長さと比較して 1.6cm 長い 20m の巻尺で測ったところ 182.00m と測定された。この距離の正しい値はいくらか。

実習2 目測，歩測，巻尺による距離測量

表 2.1 野帳記入例

(1) 歩長の測定

測線長〔m〕	歩 数		平均歩数	平均歩長〔m〕
50.00	往	64.0	63.8	0.784
	復	63.5		

(2) 目測および歩測

測 線	目 測〔m〕	歩 測			
		回数	歩数	平均歩数	距離〔m〕
AB	110	1	158.0	157.3	123
		2	156.5		

(3) 巻尺による距離測量

測 線	測定区間		読定値〔m〕		測定長〔m〕	補正値〔m〕	距離〔m〕
			後端	前端			
AB	往路	A～1	0.003	49.997	49.994	必要に応じて行う	
		1～2	0.005	49.995	49.990		
		2～B	0.000	25.447	25.447		125.431
	復路	B～3	0.002	49.999	49.997		
		3～4	0.007	49.998	49.991		
		4～A	0.008	25.435	25.427		125.415
	最確値〔m〕		125.423				
	較 差〔m〕		0.016				
	精 度		$1/(125.423/0.016) \fallingdotseq 1/7{,}800$				

【実習 3】 鋼巻尺による精密距離測量

目 的

三角測量の基線等における鋼巻尺を用いた距離の精密測定方法を習得する。

知 識

（1） 三角測量の基線長の測定は，鋼巻尺による精密測定が行われてきたが，現在では，光波測距儀あるいはトータルステーション等を用いて測定が行われている。

（2） 距離測量に生じる定誤差の補正

① 巻尺の特性値による補正　　【実習 2】の **知識** を参照

② 傾斜補正　　$C_g = -\dfrac{h^2}{2l}$

ここに，C_g：傾斜補正量〔m〕，h：始読点と終読点の高低差〔m〕，l：斜距離〔m〕である。

③ 温度補正　　$C_t = \varepsilon l(T - T_0)$

ここに，C_t：温度補正量〔m〕，ε：巻尺の線膨張率〔/℃〕，l：T〔℃〕で測定した長さ〔m〕，T：測定時の温度〔℃〕，T_0：検定温度〔℃〕である。

④ 張力補正　　$C_p = \dfrac{(P - P_0)l}{AE}$

ここに，C_p：張力補正量〔m〕，P：測定時の張力〔N〕，P_0：検定時の張力〔N〕，l：Pで測定したときの長さ〔m〕，A：巻尺の断面積〔m²〕，E：巻尺の弾性係数〔N/m²〕である。

⑤ たるみ補正　　$C_s = -\dfrac{w^2 l^3}{24 P^2} = -\dfrac{W^2 l}{24 P^2}$

ここに，C_s：たるみ補正量〔m〕，w：巻尺の単位長さ当りの重量〔N/m〕，l：支持点間の距離〔m〕，P：測定時の張力〔N〕，W：巻尺の重量〔N〕である。

（3） 精密距離測量では，最確値の精度を表すものとして，平均二乗誤差や確率誤差が用いられる。同一条件で行われた n 個の観測値 $l_1, l_2, \cdots, l_n$ があるとき，最確値 L の平均二乗誤差 m は

$$m = \pm \sqrt{\dfrac{\sum v^2}{n(n-1)}}$$

で表される。ここで，v は残差 $(l_i - L)$ である。確率誤差 r は

$$r = \pm 0.6745\, m$$

である。精度は次の M の大きさで判定する。

$$\frac{1}{M} = \frac{1}{L/r}$$

（4） 光波を用いて2点間の距離を測定する器械を光波測距儀といい，かなり普及している。光波としては赤外線やレーザー光線を用いている。一端に本体（**図3.1**）をすえつけ，他端に反射プリズム（**図3.2**）を置き，光波を往復させ自動的に距離を計算し表示する。最近ではセオドライト（【実習9】参照）と光波測距儀を合体したトータルステーションが用いられている（口絵参照）。光波測距儀による測定値は斜距離であるが，2点間の高低差または鉛直角を測定し，水平距離に換算できる。最近は自動的に内部演算できるようになっている。光波測距儀の測定精度は，例えば ±(5mm＋5ppm) のように表示される。5mm は距離に関係しない定誤差であり，5ppm は測距値に対して比例する誤差である。大気中を通過する光波は，気温・気圧・湿度などの影響を受けるが，気温が最も大きく光速度に影響し，ついで気圧，湿度の順で影響する。気温が高くなると測定距離は実際よりも短く測定される。

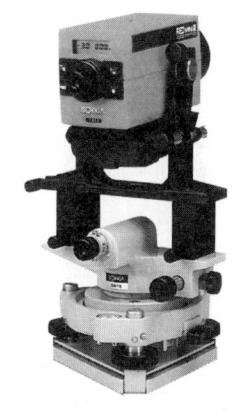

図3.1　光波測距儀[12]

（a） 1素子反射プリズム

（b） 3素子反射プリズム

図3.2　反射プリズム[12]

実　習

〔使用器具〕　鋼巻尺1個，温度計1本，張力計（スプリングバランス）1個，ハンドグリップ1個，セオドライト一式，レベル一式，ポール2本，標尺2本，掛け矢1個，金づち1個，くぎ10本程度，長い木杭10本程度，厚紙，細マジック，粘着テープ

〔実習手順〕

（1）　測定の準備

① 測線両端の杭の高さをレベル，標尺によりほぼ同じ高さにそろえる（**図3.3**）。杭の天

14　II. 距離測量

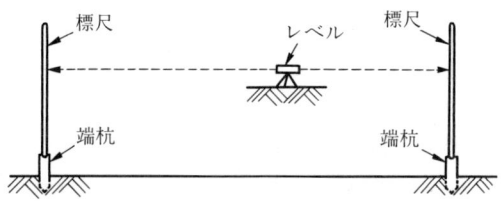

図3.3　端杭の高さの調節

端面（杭の上面のこと）に白い厚紙などをはりつけ，センターにマジックでクロス（＋）を印す。

② 各区間に図3.4のように，5～6mの等間隔に支持杭をセオドライトで見通しながら打つ。鋼巻尺を支持するための杭であるから，両端杭より高めにして，見通し線より巻尺の幅の分だけずらして交互に打つ。レベルによって両端杭と同じ高さのところに印を付け，そこへくぎを打ち，巻尺を支持させる。

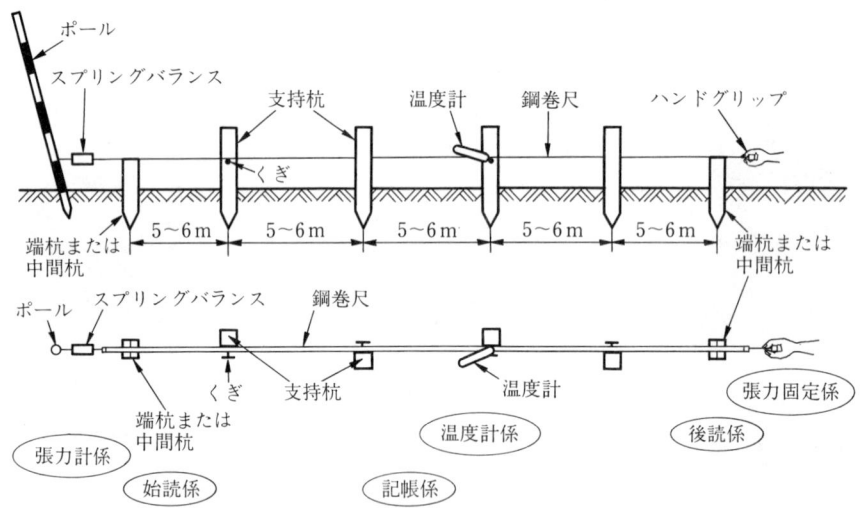

図3.4　鋼巻尺による精密距離測量

③ 温度計，始読，後読，張力計，張力固定，記帳の各係を決める。

(2) 測 定

① 「よーい！」の掛け声で，張力計係はポールを引き起こし，張力が98.1N（10kgf）になったとき，「どん！」の合図をする。このとき同時に始読係，後読係および温度計係はそれぞれの目盛を読み，記帳する（表3.1）。

② 記帳したら目盛位置をずらして（1cm程度）同じように2回目以降を測り，3回繰り返す。このとき，始読係，後読係も交代しながら行う。

③ 同様に復測する。

表3.1 野帳記入例

① 測定結果

| 測点A〜測点B | | | 　　　年　　月　　日 | | | 天気　晴 | |

使用尺　鋼巻尺 50 m−2.6 mm　標準張力　98.1 N(10 kgf)　標準温度 15°C　膨張係数 0.000 012/°C
　　　　　　　　　　　　　　　　測定張力　98.1 N(10 kgf)

測定者	始読係	終読係	張力計係	張力固定係	温度計係	記帳係
[往路]	安宅	伊賀	小笠原	加藤	椛沢	釜谷
[復路]	伊賀	安宅	小笠原	加藤	椛沢	釜谷

種別	区間	回数	測定値 温度 [°C]	測定値 始読 [m]	測定値 終読 [m]	実測長 [m]	備考
往	A〜B	1	31.5	0.260	40.595	40.335	7 間隔
		2	31.8	0.275	40.609	40.334	@5.76 m
		3	31.7	0.285	40.620	40.335	
復	B〜A	1	32.1	0.435	40.770	40.335	
		2	32.3	0.453	40.789	40.336	
		3	32.3	0.465	40.800	40.335	

② 補正計算

種別	区間	回数	温度 [°C]	実測長 [m]	温度補正値 C_t [m]	たるみ補正値 C_s [m]	補正距離 [m]	結果 [m]
往	A〜B	1	31.5	40.335	0.008		40.343	
		2	31.8	40.334	0.008	0.000	40.342	
		3	31.7	40.335	0.008		40.343	40.343
復	B〜A	1	32.1	40.335	0.008		40.343	
		2	32.3	40.336	0.008	0.000	40.344	
		3	32.3	40.335	0.008		40.343	

③ 結果のまとめ

区間 A〜B	回数	補正距離 [m]	残差 v	[残差]^2 v^2
往	1	40.343	0.000	0.000 000
	2	40.342	0.001	0.000 001
	3	40.343	0.000	0.000 000
復	1	40.343	0.000	0.000 000
	2	40.344	0.001	0.000 001
	3	40.343	0.000	0.000 000
平均		40.343	合計	$\sum v^2 = 0.000\,002$

測線長 L
$L' = 40.343$ m
特性値による補正量 $C_c = -0.002\,6 \times 40.343/50 = -0.002$ m
$L = L' + C_c = 40.343 - 0.002 = 40.341$ m

確率誤差 r
$r = \pm 0.674\,5 \sqrt{\sum v^2/\{n(n-1)\}}$
$= \pm 0.674\,5 \sqrt{0.000\,002/\{6(6-1)\}}$
$= \pm 1.74 \times 10^{-4}$ m

精度 $1/M$
$1/M = 1/(L/r) = 1/(40.341/0.000\,174) ≒ 1/231\,000$

16 II. 距 離 測 量

レポート

結果を【データシート3】にまとめる。

演 習

（1） A点からB点まで，一様な傾斜の道路上で50mの鋼巻尺による距離測定を行い，測定値498.801mを得た。測定中の平均温度は23℃，水準測量によって求めたAB間の高低差は10.05mであった。また，この鋼巻尺を15℃において検定したところ，50mより6.0mm縮んでいた。AB間の正しい水平距離はいくらか。ただし，鋼巻尺の膨張係数は+0.000 012/℃とする。

（2） A，B2点間の距離測定において，これを3区間に分け，各区間とも同数回の測定を行って，次の観測値を得た。全長の最確値と精度を求めよ。

区間	測定長〔m〕	平均二乗誤差〔m〕
A～1	40.343	0.000 7
1～2	40.521	0.001 0
2～B	38.643	0.002 0

（ヒント） 図3.5のように測線を数区間に分けて測定した場合は，測線長の最確値とその平均二乗誤差は次のようにして求める。全測線長の最確値をL，各区間長の最確値をL_1, L_2, …とすると

$$L = L_1 + L_2 + \cdots$$

また，Lの平均二乗誤差をm_0，L_1, L_2, …の平均二乗誤差をm_1, m_2, …とすると

$$m_0 = \pm\sqrt{m_1^2 + m_2^2 + \cdots}$$

その確率誤差は

$$r_0 = \pm 0.674\,5\, m_0$$

となる。

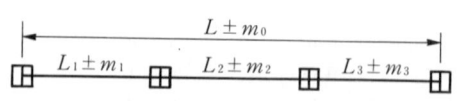

図3.5 測線長の最確値とその誤差

III. 平板測量

【実習4】 放射法による骨組測量

目 的

　放射法とは基準点から放射状に視準線を出して作図していく方法である。ここでは一つの測点から各測点を見通すことができる小地域の骨組測量の技術を習得する。

知 識

　（1）　平板測量は，平板測器と巻尺を使い，地物などの状況を直接図紙上に作図していく測量方法である。高い精度は望めないが，現場で作図していくので測定の誤りもその場で発見でき，作業能率も高い。

　（2）　平板測量は骨組測量（【実習4】，【実習5】）と細部測量（【実習6】）に分けられる。平板測量によって点の位置を求める方法は，①放射法（【実習4】，【実習6】参照），②道線法（【実習5】，【実習6】参照），③交会法（【実習6】参照）の3種類がある。

　（3）　平板をすえつけることを標定といい，整準（整置）・求心（致心）・定位（指向）の条件を満足させ，観測できる状態にすることである。

① 整準はアリダード付属の水準器を用いて平板を水平にすることである（図4.1）。
② 求心は求心器を用い，平板上の図上点と地上測点とを同一鉛直線上に一致させることである（図4.2）。
③ 定位は図上の測線の方向を対応する地上の測線の方向と一致させることである（図4.2）。

　（4）　平板の傾きは1/200以下は許容される。これはアリダードの気泡が5mm以内の偏位である。

　（5）　求心が不十分で図上の点と地上の測点とが一致しない場合（図4.2）に生じる誤差を求心誤差という。求心誤差の許容量 e は

$$e = \frac{qM}{2}$$

である。ここに，q は作図上の許容誤差，M は図面縮尺の分母である。$q=0.2$mm とすれば e は**表4.1**のようになる。

18   III. 平板測量

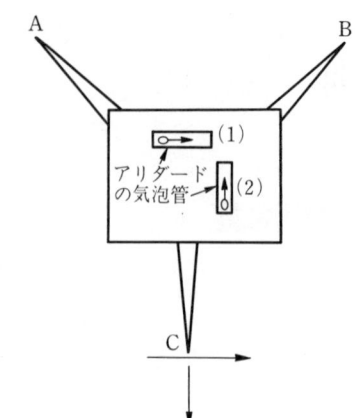

① 三脚の脚 A，B を結ぶ方向と平行にアリダードを(1)のように置き，脚 C を左右に動かすことによって(1)の気泡管の気泡を中央に導く。
② (1)の方向と直角の方向にアリダードを(2)のように置き，脚 C を前後に動かし(2)の気泡を中央に導く。
③ どの方向にアリダードを置いても常に気泡が中央に位置するように①，②の操作を繰り返す。

図 4.1　整　　準

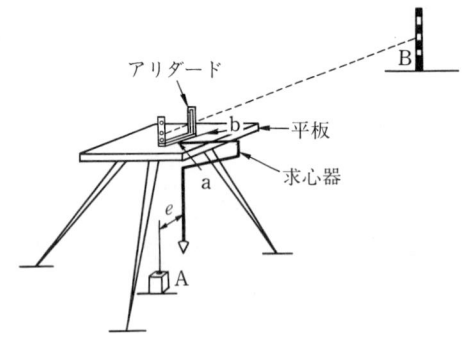

図 4.2　求心と定位

表 4.1　求心誤差の許容範囲

縮　尺	求心誤差の許容範囲〔cm〕
1/100	1.0
1/250	2.5
1/500	5.0
1/1,000	10.0
1/2,500	25.0

実　習

〔使用器具〕 平板一式（図 4.3），ポール 2 本，巻尺 1 個，ポリエステルフィルム 1 枚，三角スケール，粘着テープ

〔実習手順〕

（1） ポリエステルフィルムを粘着テープなどで平板にはり，測点 O で平板を標定する（図 4.4）。

（2） 平板内に各測点が描けるような適正な縮尺を決め，磁針箱を用いて方位を描く。

（3） アリダードの定規縁を o 点の針にあて，A に立てたポールを視準し，方向線 oa を薄く引く。

（4） OA の距離を実測し，縮尺した距離をとり，A の図上点（a 点）を定める。

（5） 同様にして，放射状に骨組となる各点を図上に定める。最後に A を視準し，作業中の狂いがないことを確かめる。

（6） 点検のため，地上の 2 点間距離（例えば BE）を測定する（これを検線という）。

実習4　放射法による骨組測量　19

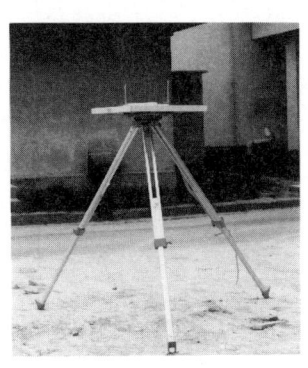
（a）平板と三脚

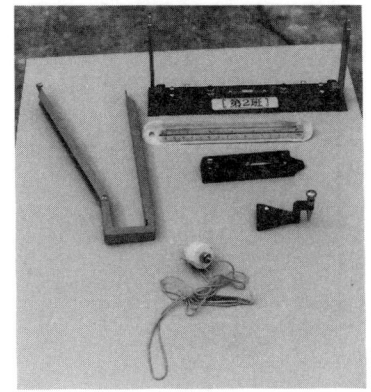
（b）アリダードセット

図4.3　平板一式

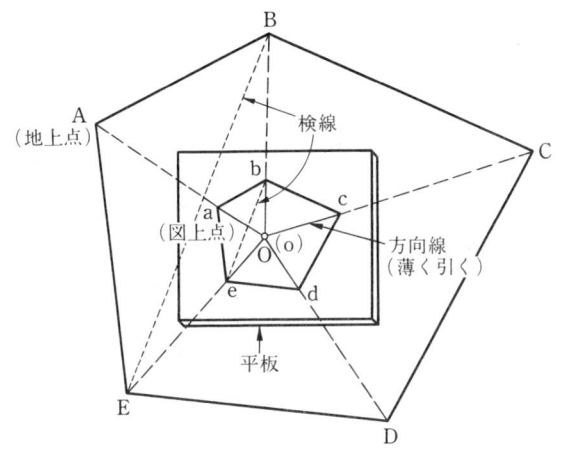

図4.4　放　射　法

|レポート|

（1）実習の検線の結果について**表4.2**のようにまとめる。

表4.2　結果のまとめ

検線区間	地上測定値	図上測定値	誤　差	精　度
（例）B～E	41.23 m	41.18 m	0.05 m	1/825

（2）平板上の図を各自トレーシングペーパーに正確に写し，図4.5のように方位，尺度目盛，表題欄を記入し，提出する。

（3）トレーシングペーパーの多角形を三角形で分割し，三斜法（【実習1】参照）により多角形の面積を計算せよ。

20   III. 平板測量

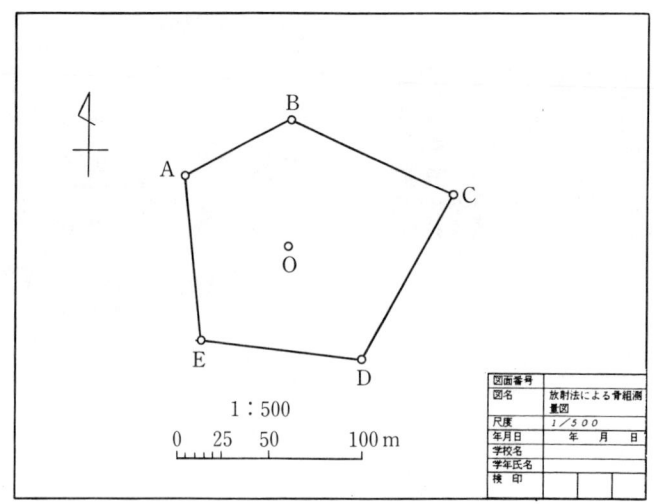

図4.5　放射法による骨組測量図

演 習

（1）　放射法で求める点の水平位置の許容誤差を図上 0.3 mm とするとき，作成できる地形図の縮尺の限界はどのくらいか。ただし，平板の求心の許容誤差は 30 cm とし，その他の誤差は無視する。

（2）　縮尺 1/500 の地形図を作成するための平板測量において，基準点に平板をすえる際，視準点の図上での転移量を 0.3 mm までとすれば，基準点と垂球のずれはいくらまで許されるか。

【実習5】 道線法による骨組測量

目 的

市街地や森林地帯のように見通しのよくない複雑な地形で骨組測量を行う技術を習得する。

知 識

（1） 道線法には単道線法と複道線法がある。複道線法とは，図5.1のように各測点に順次平板をすえつけ，後視，前視を行いつつ前進する方法である。単道線法とは，測点一つおきに平板をすえつけ，磁針により標定して前進する。単道線法は，作業は速いが精度が劣るのであまり用いられない。

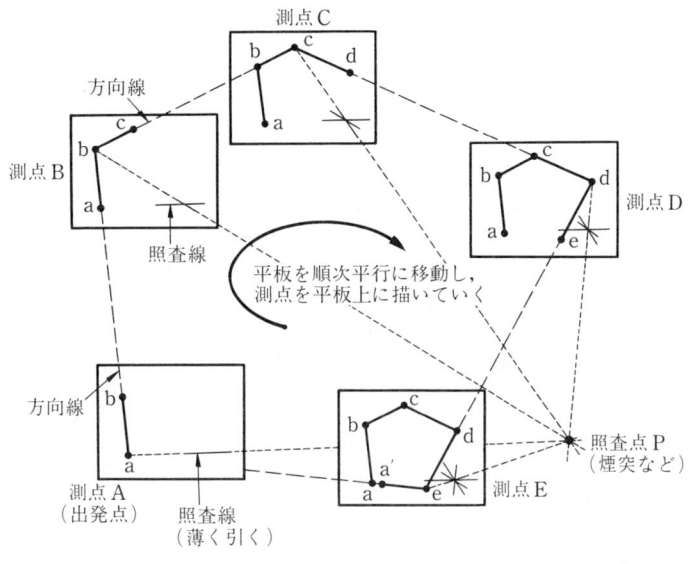

図5.1 道 線 法

（2） 道線を出発点または既知点に閉合させたとき，測定誤差のため完全にこれらの点に一致しないのが普通である。このときの変移量を閉合誤差という。

（3） 公共測量作業規定より閉合誤差は図上で$0.3\sqrt{n}$〔mm〕（nは辺数）以内とされており，これ以上の場合は再測する。閉合誤差が許容範囲内のときは各測線長に比例して調整量を求め誤差を配分する。

（4） 閉合比は

22　Ⅲ．平板測量

$$閉合比 = \frac{1}{作図測線の全長/閉合誤差}$$

で表され，平板測量の閉合比の許容値は**表5.1**のとおりである。

表5.1　閉合比の許容値

地　形	閉合比の許容値
平坦地	1/1,000
緩傾斜地	1/1,000～1/500
山地・複雑な地形	1/500～1/300

（5）閉合誤差の配分を図解法によって行う場合は以下のようにする。

① 直線 aa′ 上に ab，bc，…，ea′ を測線長に比例して印す（**図5.2**）。

② a′ 点で閉合誤差の図上の長さを垂直に描く（a′(a)）。

③ a と(a)を結び三角形を作る。

④ 各 b，c，d，e 点より a′(a)線に平行線を引く。これが各点の調整量である。

⑤ 各点の調整量をデバイダなどで移し，平板上の aa′ に平行に点をとり結ぶ。破線で結ばれたものが調整後のトラバース（骨組）である。

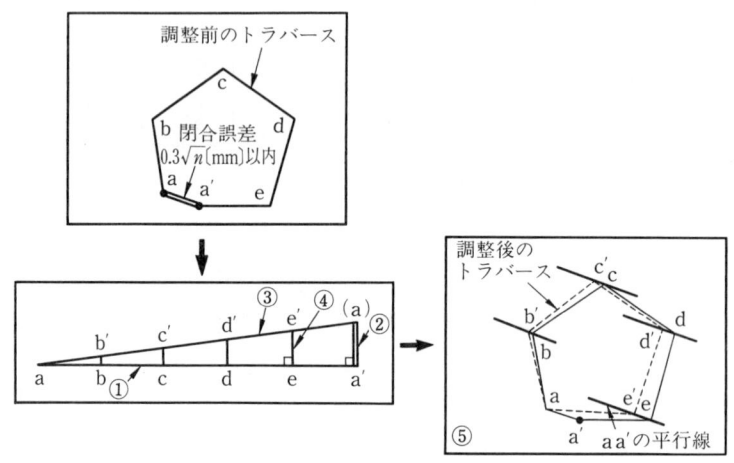

図5.2　閉合誤差の調整

実　習

〔使用器具〕平板一式，ポール2本，巻尺1個，ポリエステルフィルム1枚，粘着テープ，三角スケール，三角定規

〔実習手順〕

（1）縮尺に応じて全測点が平板に入るよう図5.1のように a 点を図上に定める。

（2）A 点に平板をすえつけ，磁針箱を用いて方位を描く。

（3） 測点 B を視準し，AB の方向線を描く。

（4） AB を測距し，定めた縮尺で点 b を図上に印す。

（5） 測定誤差確認のため，照査点 P（煙突，避雷針など）を視準し，照査線を引く。

（6） B 点にて平板を標定する（図上の ab 線を利用）。

（7） C 点を視準して，方向線を描き，BC を測距し，点 c を図上に印す。

（8） 照査点 P を視準し，照査線を引く。

（9） 以下各測点について同様に測量し，最終点 a′ が始発点 a と一致すればよい。一致しなければ aa′ が閉合誤差となる。この場合は調整を行う（ 知識 を参照）。途中，適宜照査線を利用して測定誤差の有無を点検する（照査線が1点で交わることを点検）。また，見通しが悪く照査点を設けられない場合もあるが，照査点を設けることにより，測定誤差の有無を確認しながら作業を進めることができる。

レポート

（1） 閉合誤差と調整量を表5.2のようにまとめる。

（2） トラバースの調整を図解法で行う。

（3） 閉合誤差がどうして生じるのかについて考察する。

表5.2 閉合誤差と調整計算

測点	図上距離〔mm〕	累加距離〔mm〕	閉合誤差，閉合比	調整量〔mm〕
a	0.0	0.0	閉合誤差	0.0
b	94.5	94.5	aa′=0.6mm	0.1
c	71.5	166.0	（許容閉合誤差	0.2
d	103.7	269.7	$0.3\sqrt{5}=0.67$mm）	0.3
e	108.1	377.8	閉合比	0.5
a′	95.6	473.4	$1/(473.4/0.6)\fallingdotseq 1/780$	0.6
計	473.4			

演習

（1） アリダードの視準孔の直径を0.4mm，視準糸の太さを0.4mm，前後視準板の間隔を22cmとするとき，最大視準誤差はいくらか。またこの視準誤差のために生ずる図上位置誤差を0.3mm以下とするための方向線長はいくらまで許されるか。

（2） 縮尺1/500地形図作成のための平板測量において，基準点 P に平板を標定し，水平距離と方向線から点 Q の水平位置を求めた。このとき方向に15分の誤差があったとすれば，点 Q の図上でのずれの量はいくらか。ただし，PQ 間の水平距離は20m，$\rho'=3\,400$ とする。

24   III. 平 板 測 量

【実習6】 細部測量・製図

目　的

土地の地物をおさえ，簡単な地図を作る技術を習得する。

知　識

（1） 地上に設けられている基準点より細部測量を行い，平面図を作成する方法として，放射法，前方交会法が一般に用いられ，現地の状況によってオフセット法も用いられる。

（2） 放射法（図6.1）

① 測点Oで，基準点A，Bを使って平板を標定する。

② 測点Oから細部の点1，2，…と順次視準，測距を行い，図上に位置を定める。建物など直角が確認できるものは1，2点の位置が決まれば，3，4点は1-3，3-4の測距を行い図上に描く。これを「家まき」という。

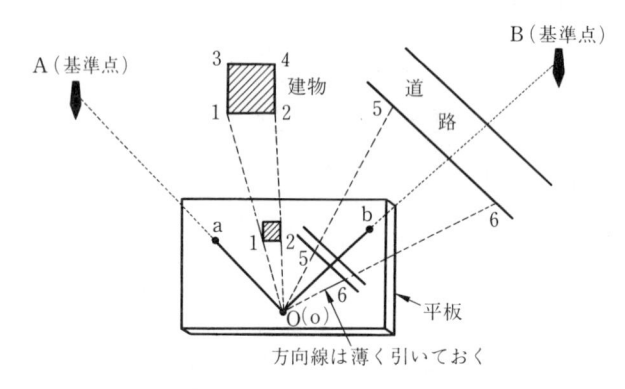

図6.1　放射法（細部測量）

（3） 前方交会法（図6.2）　　距離を測らずに二つの測点から引かれた方向線より求点する方法である。

① 一つの既知点Aに平板を標定し，P方向線を描く。

② もう一方の既知点Bに平板を標定し，未知点Pへの方向線を引く。交点pが未知点Pの図上点である。

（4） オフセット法（図6.3）　　地形や地物の位置を骨組となる測線からの垂直距離（オフセット）を巻尺のみで測定することによって定める方法である。

① 測線AC上に巻尺を横たえ，他の巻尺の0目盛をaに固定して，巻尺をAC上の巻尺と交差させて動かし，最小の読みがaa′のオフセットとなる。

実習6　細部測量・製図　25

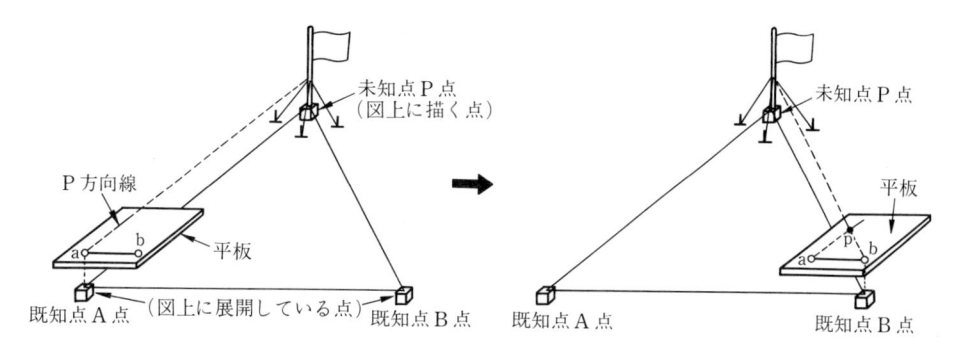

図6.2 前方交会法

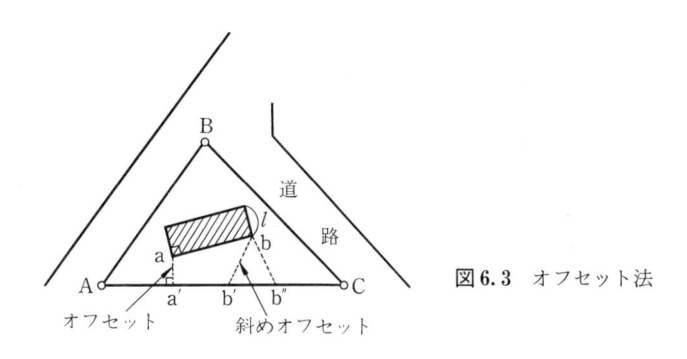

図6.3 オフセット法

② 地形によりオフセットがとれないとき，または正確を期す地物では斜めオフセットにより求める。測点 b で 0 目盛に合わせ，測線 AC 上の区切りのよい点を b′ とし，Ab′ と bb′ を測定する。同様に Ab″ と bb″ を測定する。

実　習

〔使用器具〕　平板一式，骨組測量を終えた図面（ポリエステルフィルム），巻尺1個，ポール2本，三角スケール

〔実習手順〕

（1）　調整を終えた基準点をもとに， 知識 の方法を用い，細部測量を実施する。

（2）　細部測量が終了したら測点，測線，道路，建物，地物などをはっきりさせ，平板測量の原図を完成させる。

レポート

平板測量の原図を各自トレーシングペーパーにトレースした後，図6.4のように尺度目盛，方位，製図記号，表題欄などを付記して提出する。

26　Ⅲ. 平板測量

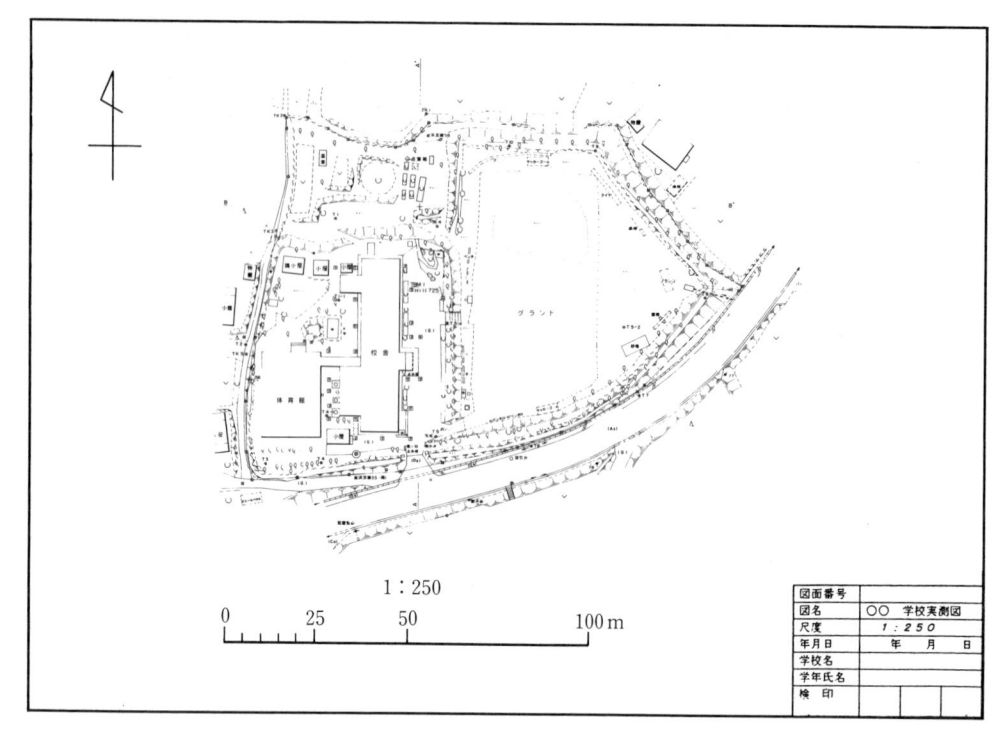

図6.4　平板測量図

演習

（1）図6.5は，平板測量の標準的な作業工程を示したものである。（ア）～（カ）に入る作業工程名を下記の語句から選びなさい。

　　細部測量，点検，編集作業，製図作業，基準点の展開，基準点の設置

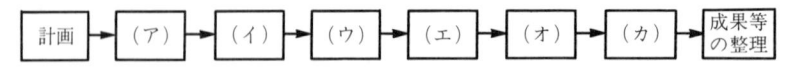

計画 → （ア）→（イ）→（ウ）→（エ）→（オ）→（カ）→ 成果等の整理

図6.5　平板測量の作業工程

（2）求点Bに平板を標定し，基準点Aに立てた目標板の中央をアリダードで視準したところ，+6.0分画であった。求点Bの標高はいくらか。ただし，基準点Aの標高は30.5 m，AB間の水平距離は50 m，地上からアリダードの視準孔までの高さと，標石上面から目標板の中央までの高さは等しいものとする。

IV. 水 準 測 量

【実習7】 閉合水準測量

目 的
閉合するルートにおいて高低差を測定し，閉合差を調整して，地盤高を決定する技術を習得する。

知 識
（1） レベルの種類
① チルチングレベル（tilting level）　望遠鏡に固定された主気泡管を傾動ねじで傾け，両端の気泡像を合致させて，視準線を水平にすることのできる器械である（【巻末資料5】参照）。
② オートレベル（automatic level）　望遠鏡内部の自動補償装置（コンペンセータ，compensator）により，自動的に視準線を水平にすることのできる器械である（【巻末資料5】参照）。

（2） 水準測量の用語
　　B.M.（bench mark：水準点）　……………水準測量のための基準点
　　B.S.（backsight：後視）………標高のわかっている点の視準　（ただし，作業上，標高
　　　　　　　　　　　　　　　　　　がわかっていない点でもB.S.とする場合がある）
　　F.S.（foresight：前視）　………………標高のわからない点の視準
　　T.P.（turning point：もりかえ点）　……レベルをすえかえるため前視と後視をとる点
　　I.H.（instrument height：器械高）　……視準線の標高
　　G.H.（ground height：地盤高，標高）　…東京湾平均海面からの高さ
　　I.P.（intermediate point：中間点）　……その点の標高を求めるため前視だけをとる点

（3） 水準測量の方法　　主な方法として次の三つがある。
① 同一点に閉合する水準測量（図7.1）あるいは両既知点を結ぶ水準測量（図7.2）
　　　　水準誤差は，次の式で求まり，許容誤差より小さくなければならない。

　　　　　　　水準誤差(閉合差)＝出発点の地盤高－出発点の測定地盤高
　　　　　　　水準誤差(結合差)＝結合点の地盤高－結合点の測定地盤高

　　　　各測点における調整量は，水準誤差を距離に応じて比例配分し，それを各測点の地

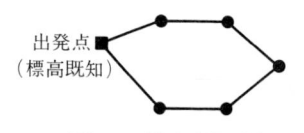

図7.1　閉合水準測量 　　　　　　　　図7.2　結合水準測量

盤高に加えて，地盤高を調整する。

$$各測点における調整量 = \frac{水準誤差 \times 出発点からその点までの距離}{水準路線の全長}$$

調整地盤高＝各測点の地盤高＋各測点の調整量

② 1路線についての往復水準測量（図7.3）　水準誤差（往復差）が許容誤差より小さければ，測点間の往路と復路の高低差を平均して，未知点の標高を求める（【実習8】参照）。

未知点の標高＝既知点の標高＋平均高低差

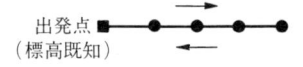

図7.3　往復水準測量

③ 二つ以上の既知点から求める水準測量（図7.4）あるいは一つの既知点から二つ以上の経路を通して求める水準測量（図7.5）

$$未知点の標高 = \frac{h_1 p_1 + h_2 p_2 + h_3 p_3}{p_1 + p_2 + p_3}$$

ここに，h は各路線からの測定標高，p は水準路線の重み（$1/l$：路線が長いほど信用度が低くなるので，路線長に反比例），l は路線長である。

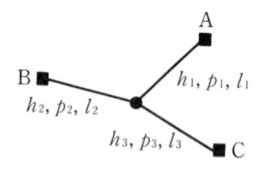

図7.4　二つ以上の標高の既知点から求める水準測量 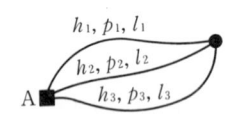　　　　図7.5　一つの標高の既知点から二つ以上の経路を通して求める水準測量

(4) 測定方法

① A点とB点の高さの違いを調べたいとき，レベルをすえつけ，A，B点上の標尺を視準する。図7.6の例から，A点 1.730 m－B点 1.250 m＝0.480 m，B点の方がA点より0.480 m 高いことがわかる。

② A点の標高 H_A がわかっていて，B点の標高 H_B を求めたいとき，A，B点の読みをそれぞれ b_A，f_B とすれば，B点の標高は

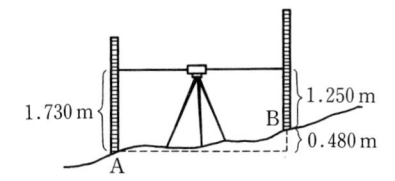

図7.6　2点間の高低差の求め方

$$H_B = H_A + (b_A - f_B)$$

で求められる（図7.7）。

③ AB間の距離が長い場合は，図7.8のような区間に分けて，AC間，CD間，…とそれぞれの高低差を加えて求める。

　　　各測点の標高 H_B ＝既知点の標高H_A＋（後視の総和 ΣB.S.－前視の総和 ΣF.S.）

④ 器械をAB間の中点Cにすえつけて測定すると，視軸と気泡管の平行の調整が不十分でも誤差は生じない（図7.9）。レベルと標尺の距離は，次式で求めることができる（図12.4参照）。

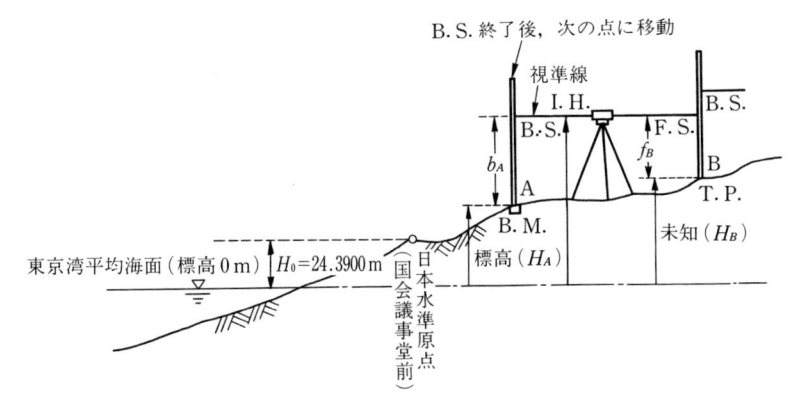

図7.7　標高の関係図

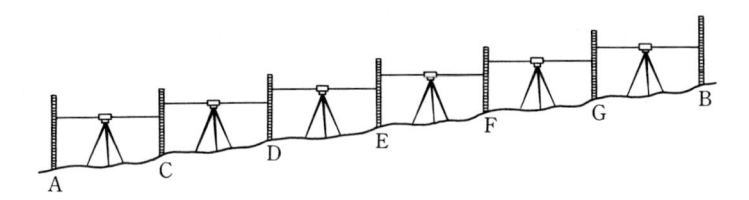

図7.8　長い区間の高低差の求め方

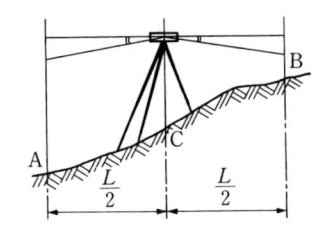

図7.9　視軸誤差を消去する観測

30   IV. 水準測量

レベルから標尺までの距離＝l×100＋C 〔m〕

ここに，l は挟長(きょうちょう)，C（スタジア加数）はチルチングレベルが 0.05，オートレベルが 0 である。

⑤ 野帳の記帳法　　前視と後視による昇降式記帳法を**図 7.10**，**表 7.1** に，中間点の多い場合の器高式記帳法を**図 7.11**，**表 7.2** に示す。

未知標高＝既知標高＋(B.S.－F.S.)＝(既知標高＋B.S.)－F.S.＝(器械高)－F.S.

（5）閉合水準測量の許容誤差は，1 級水準測量で 2.0$\sqrt{L}$〔mm〕，2 級水準測量で 5.0$\sqrt{L}$〔mm〕，3 級水準測量で 10$\sqrt{L}$〔mm〕である。ただし，L は路線長〔km〕である。

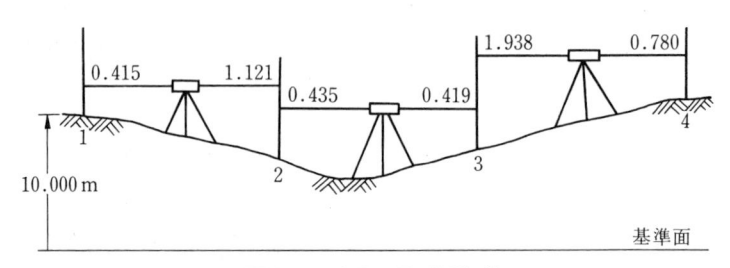

図 7.10　水準測量（昇降式）

表 7.1　昇降式野帳（【データシート 4】）

水準測量野帳　　　　　　　　　　　年　　月　　日　　天候　　　　
　　　　　　　地点　　　　器械番号　　　観測者　　　　　記帳者　　　

測点	距離〔m〕	累加距離〔m〕	B.S.	F.S.	昇＋	降－	地盤高〔m〕	調整量〔m〕	調整地盤高〔m〕
1			0.415				10.000		
2	90	90	0.435	1.121		0.706	9.294		
3	80	170	1.938	0.419	0.016		9.310		
4	85	255		0.780	1.158		10.468		
		計	2.788	2.320	1.174	0.706	10.468		
			－2.320		－0.706		－10.000		
			0.468	←	0.468	←	0.468	←計算結果のチェック	

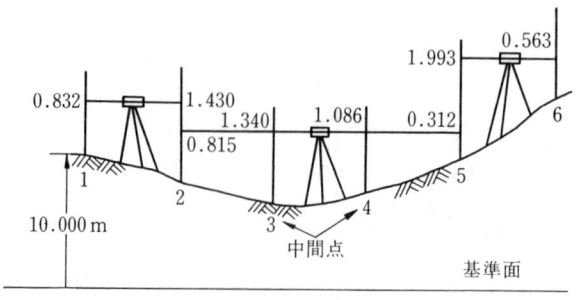

図 7.11　水準測量（器高式）

実習7 閉合水準測量

表7.2 器高式野帳(【データシート9】)

測点	距離〔m〕	累加距離〔m〕	B.S.	器械高〔m〕	F.S. 中間点	F.S. もりかえ点	地盤高〔m〕	調整量〔m〕	調整地盤高〔m〕
1			0.832	10.832			10.000		
2	20	20	0.815	10.217		1.430	9.402		
3	20	40			1.340		8.877		
4	20	60			1.086		9.131		
5	20	80	1.993	11.898		0.312	9.905		
6	20	100				0.563	11.335		
			計 3.640			計 2.305	11.335		
			− 2.305				−10.000		
			1.335	←計算結果のチェック→			1.335		

実 習

〔使用器具〕 レベル一式,標尺2本,標尺台2個(**図7.12**)

約15 cm　　　図7.12 標尺台

〔実習手順〕

(1) ここでは,図7.1のような閉合水準測量を行う。標尺手はB.M.に標尺を立てる。標尺の観測は,視準距離を普通40〜50 m(3級水準測量の最大視準距離は70 m)とって行われるので,もう一人の標尺手は,あらかじめ決められている次の測点までの距離が100 mもなければ測点上に,超えるようなら手前に中継のための標尺台を踏み込んで,その上に標尺を立てる。

(2) レベルのすえつけ位置は,なるべく両標尺を結ぶ直線上で,歩測を利用して標尺からの距離が等しくなる点を選ぶようにする。

(3) 観測手は,B.M.に立てられた標尺の左右の傾きをレベルの十字縦線で修正し,標尺手にウェービング(waving,**図7.13**)させ,十字横線で最小値を読み取り(**図7.14**),それを記帳手に伝える。観測中の合図が重要なので班内で決めておく。

(4) 誤差の点検・調整に路線距離が必要なので,歩測(【実習2】参照)あるいはスタジア測量(【実習12】参照)で概略の測点間距離をメートル単位で求める。

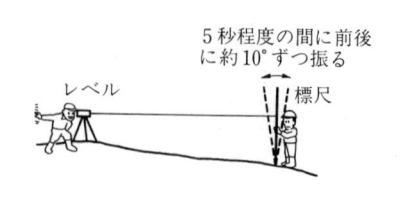

図7.13 ウェービング方法

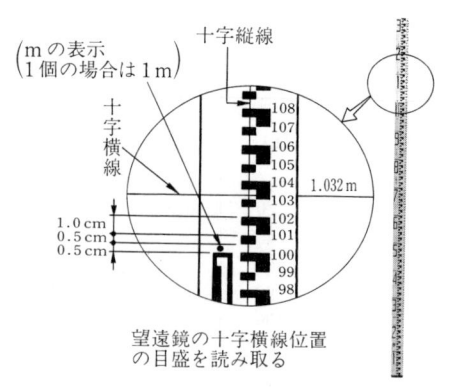

図7.14 スタッフ（標尺）とその読み方

（5） 記帳手は昇降式の野帳に後視の読みと測点間距離を記帳する。
（6） 観測手は記帳手と後視終了の確認をし，標尺手に合図を送り移動させる。
（7） 観測手は前視をとる標尺に望遠鏡を向け，後視観測と同様の手順で読み取る。
（8） 後視と前視を終えたレベルは移動する。
（9） 以上の内容を繰り返して，B.M. に戻ってくる。
（10） 測定結果から，(ΣB.S.$-\Sigma$F.S.) を計算する。この値は閉合路線だから0になるべきだが，誤差が生じている。3級水準測量の許容誤差内（$<10\sqrt{L}$〔mm〕）であれば距離に比例して調整量を求め，地盤高に配分して調整地盤高を求める（**表7.3**）。

表 7.3 調整地盤高の求め方

測点	距離〔m〕	累加距離〔m〕	B.S.	F.S.	昇＋	降－	地盤高〔m〕	調整量〔m〕	調整地盤高〔m〕
B.M.			1.022				61.000		61.000
1	90	90	1.417	0.623	0.399		61.399	－0.001	61.398
2	86	176	1.948	1.223	0.194		61.593	－0.001	61.592
3	80	256	0.925	1.114	0.834		62.427	－0.001	62.426
4	98	354	1.534	1.986		1.061	61.366	－0.002	61.364
5	94	448	1.536	1.683		0.149	61.217	－0.003	61.214
B.M.	88	536		1.750		0.214	61.003	－0.003	61.000
		計	8.682	8.679	1.427	1.424	61.003		
			－8.679		－1.424		－61.000		
			0.003		0.003	閉合差	0.003	$<10\sqrt{0.536}=7.3$ mm	

調整量の計算
0.003× 90/536＝0.001 m
0.003×176/536＝0.001
0.003×256/536＝0.001
0.003×354/536＝0.002
0.003×448/536＝0.003
0.003×536/536＝0.003

実習7 閉合水準測量

$$調整量 = \frac{水準誤差 \times 各測定点までの累加距離}{全測線長}$$

許容誤差を超えた場合は誤差の原因を検討してから，再測する。

レポート

（1） 実習について，巻末の【データシート4】を利用して，各自野帳の内容を写し，調整地盤高まで記載せよ。再測した場合は，再測に至った計算過程を示せ。

（2） 誤差を小さくするためにはどういうことが重要か述べよ。

演習

（1） 閉合水準測量の結果，**表7.4**を得た。許容値内であれば，各点の地盤高を調整せよ。ただし，3級水準測量とする。

表7.4 閉合水準測量における地盤高の調整

測点	距離〔m〕	累加距離〔m〕	B.S.	F.S.	昇＋	降−	地盤高〔m〕	調整量〔m〕	調整地盤高〔m〕
No.1			1.855				10.000		
No.2	96		1.490	1.050					
No.3	94		1.515	1.855					
No.4	98		1.230	1.925					
No.5	84		1.275	1.940					
No.6	90		1.845	0.431					
No.7	88		0.625	0.860					
No.1	96			1.770					

（2） **図7.15**に示すような水準路線において水準測量を行い，**表7.5**の閉合差を得た。閉合差を点検した結果から判断して，最初に再測すべき路線はどれか。ただし，①と⑦の路線の観測値は正しいことが確認されている。また，許容誤差は$2\sqrt{L}$〔mm〕とする。

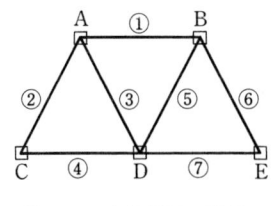

図7.15 水準測量の路線

表7.5 各水準路線における閉合差

ルート	閉合差〔m〕	観測距離 L〔km〕
A→D→C→A	+0.008	36
A→B→D→A	+0.017	49
B→E→D→B	−0.015	36
A→B→D→C→A	+0.019	53
A→B→E→D→A	+0.012	59

【実習 8】 B.M. 決定のための往復水準測量

目的
2点間の高低差を往復測定し，正しい標高を求める方法を理解する。

実習
〔使用器具〕 レベル一式，標尺2本，標尺台2個

〔実習手順〕

（1） ここでは，既知水準点から仮 B.M.（B.M.1）の標高を求める往復水準測量を行う。観測手順の詳細は【実習7】を参照。

（2） まず，既知標高を確認し，地図をもとに測量ルートを検討する。2級水準測量の最大視準距離は60mであるが，40～50mで観測するのが普通である。

（3） 誤差点検のため，既知点と仮 B.M.の間の適当な個所（約300mおき）に固定点（杭）を設ける。往路・復路とも，この点を必ず観測する。

（4） 野帳は器高式の記帳方法とする。誤差の点検・調整に路線距離が必要なので，歩測やスタジア測量で概略の測点間距離をメートル単位で求める。

（5） 野帳の計算整理は現地ですみやかに行い，往復差（往路と復路の高低差の差）が表8.1の許容誤差を超える場合は再測する。

表 8.1 往復許容誤差

1級水準測量	$2.5\sqrt{L}$ 〔mm〕
2級水準測量	$5\sqrt{L}$ 〔mm〕
3級水準測量	$10\sqrt{L}$ 〔mm〕
4級水準測量	$20\sqrt{L}$ 〔mm〕

L：片道測線距離〔km〕

（6） 測量結果は以下の手順でまとめる。

① 野帳の記帳例　表8.2に示すように記帳する。

② 標高の計算例（表8.3）　往路は B.M.→ B.M.1，復路は B.M.1 → B.M.である。

　　　　往復差 $= 78.015 - 78.011 = 0.004$
　　　　　　　$= 4\,\text{mm} < 2$ 級水準測量の許容誤差 $= 5\sqrt{L} = 5\sqrt{1.5} = 6.1\,\text{mm}$

よって，標高調整を行ってよい。

③ 標高調整の計算例（表8.4）

　　　　B.M.1 の平均標高 $= \dfrac{78.015 + 78.011}{2} = 78.013\,\text{m}$

実習8 B.M.決定のための往復水準測量

表 8.2 器高式野帳

測点	距離〔m〕	B.S.	器械高〔m〕	F.S. 中間点	F.S. もりかえ点	標高〔m〕
B.M.		1.226	77.455			76.229
T.P.1	94	1.765	77.613		1.607	75.848
T.P.2	86	1.959	78.251		1.321	76.292
A	90				1.001	77.250
計	270	4.950			3.929	77.250
		−3.929				−76.229
		+1.021				+1.021

もりかえ点は，測量全体の精度に影響があるので，地盤のしっかりした場所を選び，必要によって標尺台を用いる。計算の都合上，B.M.の標高は 0.000 m か 10.000 m として，B.M. → A → B →…と測量する。

表 8.3 標高の計算例

測点	距離〔m〕	累加距離〔m〕	往路 高低差〔m〕	往路 標高〔m〕	復路 高低差〔m〕	復路 標高〔m〕
B.M.				76.229		76.229
A	270	270	+1.021	77.250	+1.020	77.249
B	310	580	+0.038	77.288	+0.039	77.288
C	290	870	+0.531	77.819	+0.533	77.821
D	320	1,190	+0.298	78.117	+0.293	78.114
B.M.1	310	1,500	−0.102	78.015	−0.103	78.011

表 8.4 調整標高の計算例

測点	往路 標高〔m〕	往路 調整量〔m〕	往路 調整標高〔m〕	復路 標高〔m〕	復路 調整量〔m〕	復路 調整標高〔m〕	平均標高〔m〕
B.M.	76.229			76.229			76.229
A	77.250	−0.000	77.250	77.249	+0.000	77.249	77.250
B	77.288	−0.001	77.287	77.288	+0.001	77.289	77.288
C	77.819	−0.001	77.818	77.821	+0.001	77.822	77.820
D	78.117	−0.002	78.115	78.114	+0.002	78.116	78.116
B.M.1	78.015	−0.002	78.013	78.011	+0.002	78.013	78.013

往路では 78.015−78.013 より 0.002 m の（−）調整，復路では 78.011−78.013 より 0.002 m の（＋）調整となる。各測点調整量は

$$A \to 0.002 \times \frac{270}{1\,500} = 0.000 \text{ m}$$

$$B \to 0.002 \times \frac{580}{1\,500} = 0.001 \text{ m}$$

$$C \to 0.002 \times \frac{870}{1\,500} = 0.001 \text{ m}$$

IV. 水準測量

$$D \rightarrow 0.002 \times \frac{1\,190}{1\,500} = 0.002\,\text{m}$$

$$\text{B.M.1} \rightarrow 0.002 \times \frac{1\,500}{1\,500} = 0.002\,\text{m}$$

よって，表8.4からB.M.1＝78.013 m（$L=1.5\,\text{km}$）

（7）往復水準測量が図8.1のように行われた場合には，下記のようにまとめることもできる。

未知点B.M.1の最確値と平均二乗誤差の計算例（図8.1，表8.5）

$$\text{最確値} = 78.000 + \frac{0.013 \times 20 + 0.009 \times 15 + 0.008 \times 12}{20 + 15 + 12} = 78.000 + 0.010 = 78.010\,\text{m}$$

$$\text{平均二乗誤差}\ m = \pm\sqrt{\frac{\sum pv^2}{\sum p(n-1)}} = \pm\sqrt{\frac{243}{47(3-1)}} = \pm 1.61\,\text{mm}$$

ゆえに，B.M.1＝78.010 m±1.61 mm

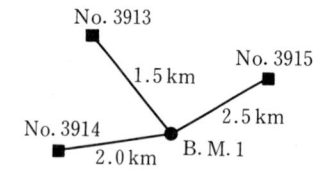

図8.1 三つの既知点から標高を求める水準測量

表8.5 未知点B.M.1の最確値と平均二乗誤差の計算例

水準点	測定標高〔m〕	L〔km〕	重み $p\,(=1/L)$	最確値〔m〕	残差 v〔mm〕	pv^2
No. 3913	78.013	1.5	1/1.5（＝20/30）→ 20	78.010	+3	180
No. 3914	78.009	2.0	1/2.0（＝15/30）→ 15		−1	15
No. 3915	78.008	2.5	1/2.5（＝12/30）→ 12		−2	48
			計 47			計 243

レポート

（1）実習について，巻末の【データシート5】〜【データシート8】を利用して，各自野帳の内容を写し，その計算結果と再測の要・不要，平均標高を整理する。再測の場合は再測の判定に至る計算過程も示せ。

（2）〔実習手順〕（7）のように行われた場合，他の二つの班の測定標高と測線距離を知り，B.M.1の標高の最確値と平均二乗誤差を計算する。

演習

（1）A，B二つの水準点（既知点）を結ぶ水準路線がある（図8.2）。その水準路線の

水準点Aの標高(563.721 m)

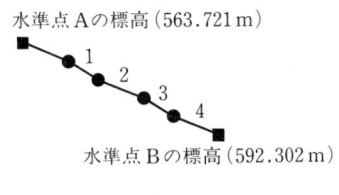

水準点Bの標高(592.302 m)

図8.2　結合水準測量

表 8.6　結合水準測量における高低差

区間	距離〔km〕	高低差〔m〕
A～1	0.9	+22.781
1～2	0.8	+ 3.071
2～3	1.2	- 7.984
3～4	0.7	- 0.465
4～B	1.0	+11.157

中に，表8.6に示すような距離で四つの水準点（未知点）を新設する測量を行い，各区間の高低差を測定した。四つの水準点の調整標高を求めよ。

（2）　図8.3に示す水準点1，2を新設するため，既知点A，B，C間で水準測量を行い，表8.7の結果を得た。水準点2の標高の最確値はいくらか。ただし，H_A=50.338 m，H_B=50.308 m，H_C=50.858 m とする。

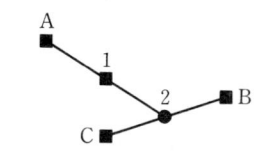

図8.3　三つの既知点から標高を求める水準測量

表 8.7

路線	距離〔km〕	高低差〔m〕
1～A	2	-2.507
1～2	2	-1.020
2～B	2	-1.522
2～C	2	-0.970

V. トラバース測量

【実習9】 セオドライトの操作と測角

目 的

セオドライトの構造を理解し，その操作と角測量の方法を習得する。

知 識

（1） 測角器械　　測角器械には角度をバーニヤで読み取るトランシットと，マイクロメーターやディジタルで表示されるセオドライト（図9.1）があり，現在はディジタル式のものが主流で，光波測距儀と一体化されたトータルステーションが一般に使用されている。

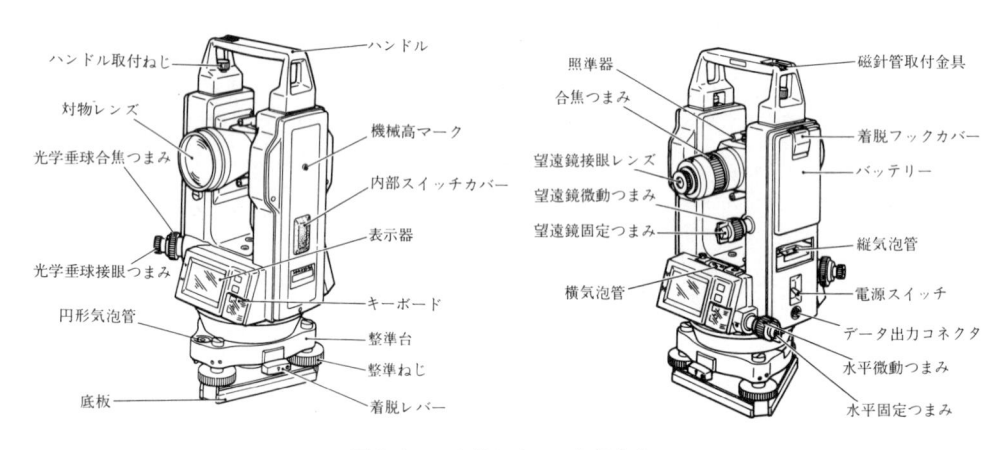

図9.1　セオドライトの各部名称[3]

（2） セオドライトのすえつけ　　精度の高い角度を得るために，測点上にきちんと整準と致心を行わなければならない。この二つの条件を満たすようにすえつける方法としては，下げ振り（垂球）を用いる方法と三脚を伸縮させて行う方法の2種類がある（【巻末資料6】参照）。

（3） 水平角の観測　　水平角の測角方法には，単測法，倍角法（反復法），方向法がある。より測角精度を上げるために，望遠鏡が通常の状態（正位：r）での測角と合わせて，望遠鏡を水平軸の回りに鉛直方向に180°回転させた状態（反位：l）での測角を行い，両者の平均値をもってその角度とする（図9.2）。このような正反1回の観測を一対回という。セオドライト（トランシット）には角度を振っただけ指示値が変化する上部運動と，指示値

実習9　セオドライトの操作と測角　39

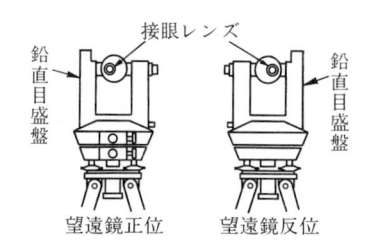

図9.2　望遠鏡の正位と反位[4]

を保持する下部運動があり，必要に応じて切り替えながら測角作業を行う。

（4）鉛直角の観測　セオドライトには鉛直角の測定機能があり，法面勾配の測定や距離測量とあわせて高低差の測定に用いられる。通常は，鉛直上方を0°とした天頂角（水平が正位で90°，反位で270°）で表示されるが，トランシットのように水平を0°とした±90°の高低角（仰角＋，俯角－）で表示されるものもあるので，注意を要する。

実　習

〔使用器具〕　セオドライト（トランシット）一式，ポール2本
〔実習手順〕　必要な測点を設け，以下の角度観測を行う。視準に際しては，望遠鏡内の十字線の交点に目標物を正確に合致させる。

（1）単測法による測角（**図9.3**）

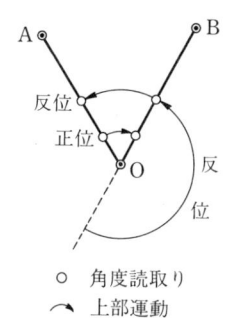

図9.3　単測法による測角

① O点を器械点とし，セオドライトをすえつける。
② A点を視準し，0°0′0″にセットする。トランシットの場合は，0より数分大きい角度にセットし，下部運動でA点を視準する。
③ 指示値を始読値として，野帳に記入する（**表9.1**）。
④ 上部運動でB点を視準し，指示値を終読値として記帳する。
⑤ 望遠鏡を反位にして，上部運動でB点を視準し，反位の始読値として記帳する。
⑥ 上部運動でA点を視準し，反位の終読値として記帳する。
⑦ 正位における測定角（終読値－始読値）と反位における測定角（始読値－終読値）を

V. トラバース測量

表 9.1　単測法野帳記入例

角測量野帳											年　月　日　天候　曇				
地点　グランド　　器械番号　1485　　観測者　田中　　記帳者　鈴木															
測点	望遠鏡	視準点	倍角数	観測角								測定角 [° ′ ″]		平均角度 [° ′ ″]	
				[°]	Aバーニヤ [′ ″]		Bバーニヤ [′ ″]		平均 [° ′ ″]						
O	r	A		0	01	00	01	00	0	01	00				
		B		58	15	20	15	40	58	15	30	58	14	30	
															58　14　20
	l	B		238	15	40	15	40	238	15	40	58	14	10	
		A		180	01	20	01	40	180	01	30				

求める。

⑧ 得られた正位反位の測定値を平均して ∠AOB とする。

(2) 倍角法による測角（図 9.4）

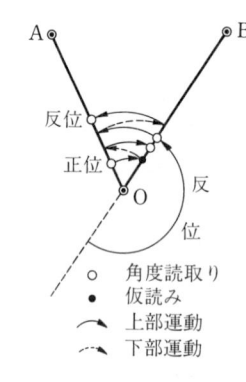

図 9.4　倍角法による測角

① O 点を器械点とし，セオドライトをすえつける。

② A 点を視準し，0°0′0″ にセットする。トランシットの場合は，0 より数分大きい角度にセットし，下部運動で A 点を視準する。

③ 指示値を始読値として，野帳に記入する（**表 9.2**）。

④ 上部運動で B 点を視準し，指示値の度分を仮読みし，記帳する。

⑤ 下部運動で再び A 点を視準する。

⑥ 上部運動で B 点を視準し，指示値を終読値として記帳する。

表 9.2　倍角法野帳記入例

測点	望遠鏡	視準点	倍角数	観測角								測定角 [° ′ ″]	平均角度 [° ′ ″]
				[°]	Aバーニヤ [′ ″]		Bバーニヤ [′ ″]		平均 [° ′ ″]				
O	r	A	2	0	01	00	01	00	0	01	00	(仮読み)	64° 08′
		B		128	15	20	15	40	128	15	30	128　14　30	
													64　07　10
	l	B	2	308	15	40	15	40	308	15	40	128　14　10	
		A		180	01	20	01	40	180	01	30		

⑦ 望遠鏡を反位にして，上部運動でB点を視準し，反位の始読値として記帳する。

⑧ 上部運動でA点を視準する。

⑨ 下部運動で再びB点を視準する。

⑩ 上部運動でA点を視準し，反位の終読値として記帳する。

⑪ 正位における測定角（終読値－始読値）と反位における測定角（始読値－終読値）を求める。

⑫ 得られた正位反位の測定値を平均し，さらに倍角数（この場合は2）で割って∠AOBの平均角度とする。

（3） 方向法による測角（二対回の観測）（**図9.5**）

① O点を器械点とし，セオドライトをすえつける。

② A点を視準し，$0°0'0''$にセットする。トランジットの場合は，0より数分大きい角度にセットし，下部運動でA点を視準する。

③ 指示値を始読値として，野帳に記入する（**表9.3**）。

④ 上部運動でB点を視準し，指示値を記帳する。

⑤ そのまま上部運動でC点を視準し，指示値を記帳する。

⑥ 同様に，順次上部運動で各測点を視準し，角度を記帳する。

⑦ 最終の測点まで測定したら，望遠鏡を反位にして上部運動で最終点を視準し，反位の始読として記帳する。

⑧ 上部運動で順次逆回りにA点まで視準し，各点の指示値を記帳する。

⑨ 反位のまま90°付近に角度を合わせ（n対回の場合は$180°/n$付近），③から⑥，正位にして⑦，⑧の作業を行う（n対回の観測の場合は，始読角度を$180°/n$ずつ変えてn回繰り返す）。

⑩ 得られた各測定値をもとに倍角，較差，倍角差，観測差を求めて誤差を評価するとともに，平均してそれぞれの角度を算出する。

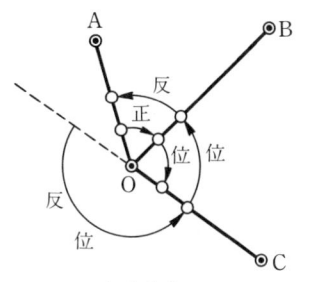

図9.5 方向法による測角

表 9.3 方向法野帳記入例

測点	輪郭	望遠鏡	視準点	観測角 〔°〕	Aバーニヤ 〔′ ″〕		Bバーニヤ 〔′ ″〕		平均 〔° ′ ″〕			測定角 〔° ′ ″〕			倍角	較差	倍角差	観測差
O	0°	r	A	0	01	00	01	00		01	00	00	0	00				
			B	131	33	20	33	40	131	33	30	131	32	30	80	−20	0	0
			C	250	25	40	25	40	250	25	40	250	24	40	70	+10	10	30
		l	C	70	25	40	26	00	70	25	50	250	24	30				
			B	311	34	00	34	20	311	34	10	131	32	50				
			A	180	01	20	01	20	180	01	20	0	00	00				
	90°	l	A	90	00	40	00	40	90	00	40	0	00	00				
			B	221	33	20	33	40	221	33	30	131	32	50	80	−20		
			C	340	25	20	25	20	340	25	20	250	24	40	60	−20		
		r	C	160	25	40	25	40	160	25	40	250	24	20				
			B	41	33	40	34	00	41	33	50	131	32	30				
			A	270	01	20	01	20	270	01	20	0	00	00				

輪　郭：初読の目盛盤の角度
倍　角：同じ目標の一対回に対する正位と反位の測定角の秒数和，ただし分が異なる場合は同じ分に合わせる
較　差：同じ目標の一対回に対する正位と反位の測定角の秒数差，ただし分が異なる場合は同じ分に合わせる
倍角差：各対回測定の同一視準点に対する倍角の最大と最小の差
観測差：各対回測定の同一視準点に対する較差の最大と最小の差

（4）　磁針による方位角の測定

① 磁針管をセオドライトに取り付ける（内蔵されている場合はそれを用いる）。
② セオドライトをA点にすえつける。
③ 磁針を見ながらセオドライトを回転させて磁北に合わせ，0°0′0″にセットする。
④ 上部運動（右回り観測）でB点を視準する。
⑤ 指示値が，測線ABの方位角である。

レポート

測角結果を各データシートにまとめ，単測法，倍角法，方向法によって得られた∠AOBの精度について考察せよ。

演　習

（1）　正位と反位の観測値を平均することによって消去される誤差は何か。
（2）　3倍角法の観測結果をまとめた**表9.4**を完成させ，それぞれの角度を求めよ。
（3）　**表9.5**は方向法による3点の測角結果である。空欄を埋め，∠AOB，∠BOCの最確値を求めよ。

表 9.4 3倍角法による観測結果

測点	望遠鏡	視準点	倍角数	観測角 [°]	Aバーニヤ ['　"]		Bバーニヤ ['　"]		平均 [°　'　"]	測定角 [°　'　"]	平均角度 [°　'　"]	備考
B	r	A	3	0	31	20	31	40				仮読み 72°14'
		C		215	41	40	41	40				
	l	C	3	35	41	00	41	20				
		A		180	31	20	31	20				

表 9.5 方向法による観測結果

測点	望遠鏡	視準点	観測角					測定角 [°　'　"]	倍角	較差
			Aバーニヤ [°　'　"]			Bバーニヤ ['　"]				
						平均 [°　'　"]				
O	r	A	0	01	20	01	00			
		B	64	50	20	50	20			
		C	111	38	20	38	40			
	l	C	291	38	20	38	40			
		B	244	50	20	50	40			
		A	180	01	20	01	40			

【実習10】 閉合トラバース測量

目 的
閉合トラバースを例に，測角，測距の作業を習得するとともに，調整計算の方法を理解する。

知 識
（1） トラバース測量の種類

① 閉合トラバース　始点から一巡して始点に戻るように測点を配置したトラバース（本実習で実施，図 10.1）。

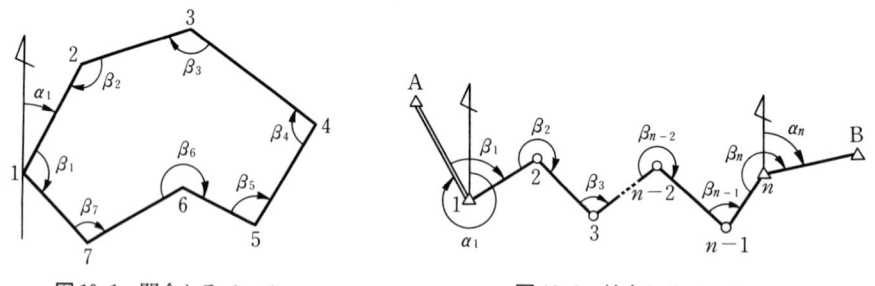

図 10.1　閉合トラバース

図 10.2　結合トラバース

② 結合トラバース　三角点などの座標が既知の点から出発して，他の既知点に結ぶトラバース（図 10.2）。始点と終点は，それぞれ隣接する他の既知点への方位角が既知である必要がある。

③ 開（放）トラバース　既知点から未知点に結ぶトラバース。誤差評価はできない。

（2） 測角誤差　閉合トラバースの場合，n 角形の内角の総和が $180°(n-2)$ で与えられることを用いて，測角誤差は実測内角 β_i より，次式で表される。

$$\varDelta\beta = 180°(n-2) - \sum \beta_i$$

参考までに，許容誤差の目安を表 10.1 に示す。誤差は，各内角に秒単位で等分配し調整を行う。なお，端数が生じた場合は，以下の計算で得られる方位角が 45°, 135°, 225°, 315°

表 10.1　トラバース測量の許容誤差

測量場所	許容測角誤差	許容閉合比
市街地，平坦地	$(20'' \sim 30'')\sqrt{n}$	$1/5,000 \sim 1/20,000$
農地，丘陵地	$(30'' \sim 60'')\sqrt{n}$	$1/3,000 \sim 1/5,000$
山林，原野	$(60'' \sim 90'')\sqrt{n}$	$1/1,000$

n：測定角の数

実習10 閉合トラバース測量　45

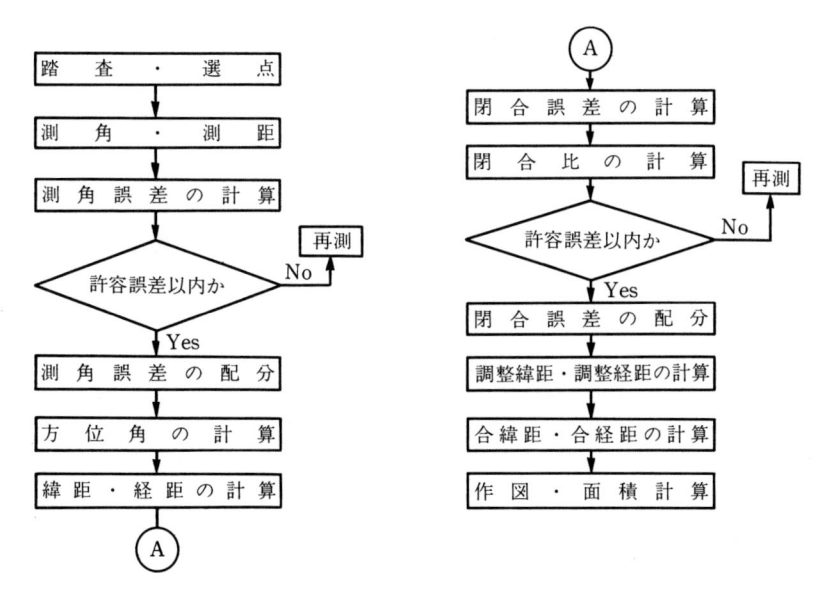

図10.3 作業の流れ

に近い角から順に1秒ずつ配分する（**表10.2**，緯距・経距の算出に現れる sin, cos 関数は，0°と90°付近においてその影響が大きく現れるため）。簡単のため，測角値の大きい内角に順に端数を1秒ずつ配分することもある。

表 10.2 内角の調整

測点	測定内角 [° ′ ″]	調整量 [″]	調整内角 [° ′ ″]
1	165 58 20	11	165 58 31
2	123 32 45	10	123 32 55
3	112 41 55	11	112 42 06
4	123 02 30	11	123 02 41
5	199 38 00	10	199 38 10
6	85 29 05	11	85 29 16
7	89 36 10	11	89 36 21
合計	899 58 45	75	900 00 00

（3）**方位角**　測定した第1測線の方位角 α_1 と内角 β_i をもとに，各測線の方位角は次式によって順次求めることができる。

$\alpha_i = \alpha_{i-1} + 180° - \beta_i$（右回りに測点を展開した場合，図10.1）

$\alpha_i = \alpha_{i-1} + 180° + \beta_i$（左回りに測点を展開した場合）

360°を超えた場合は，360°を減じて $0 \leq \alpha_i < 360$ とする。方位角には，子午線の真北を基準に右回り（東回り）の角度として表す真北方位角と，磁北線を基準とした磁針方位角があるが，通常の小区域のトラバース測量では磁針方位角を用いるのが一般的である。従来，0°

~90°までの数値を示した三角関数表を用いて計算を行っていたため，方位角を南北線から東または西回りに 90°以内の角度で表した「方位」への変換が必要であったが，現在は計算器によって 90°以上の sin，cos 値も簡単に算出できるようになり，方位への変換の必要性はなくなった。

（4）緯距と経距　　緯距 L（次の測点までの北方向距離：Δx）と経距 D（次の測点までの東方向距離：Δy）は，各測線長を S_i として次式で計算される（**表 10.3**）。

$$L_i = S_i \cos \alpha_i, \quad D_i = S_i \sin \alpha_i$$

表 10.3 緯距・経距の計算

測線	方位角 [° ′ ″]			距離 [m]	緯距 [m]	経距 [m]
1-2	251	24	45	25.436	−8.108	−24.109
2-3	307	51	50	22.551	13.842	−17.803
3-4	15	09	44	24.639	23.781	6.444
4-5	72	07	03	38.329	11.770	36.477
5-6	52	28	53	27.778	16.917	22.032
6-7	146	59	37	36.584	−30.680	19.929
7-1	237	23	16	50.991	−27.482	−42.952
合計	—			226.308	0.040	0.018

閉合誤差＝0.044，閉合比＝1/5,100

（5）閉合誤差と閉合比　　測定結果より計算された始点と終点座標の差を示す閉合誤差 E（**図 10.4**）とその精度を表す閉合比 R は次式で計算される。

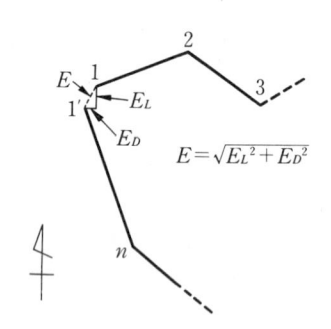

図 10.4 閉合誤差

$$E_L = \sum L_i, \quad E_D = \sum D_i, \quad E = \sqrt{E_L^2 + E_D^2}, \quad R = \frac{E}{\sum S_i}$$

ただし，結合トラバースの場合は，既知である始点（x_1, y_1）と終点（x_n, y_n）の座標をもとに緯距と経距の誤差は次式で表される。

$$E_L = \sum L_i + x_1 - x_n, \quad E_D = \sum D_i + y_1 - y_n$$

（6）誤差調整　　緯距と経距の誤差調整方法には，コンパス法則（**表 10.4**）とトランシット法則がある。

実習10 閉合トラバース測量

表 10.4 緯距・経距の調整計算（コンパス法則）

測　線	緯距調整量〔m〕	経距調整量〔m〕
1-2	$-0.040\times25.436/226.308=-0.004$	$-0.018\times25.436/226.308=-0.002$
2-3	$-0.040\times22.551/226.308=-0.005$	$-0.018\times22.551/226.308=-0.002$
3-4	$-0.040\times24.639/226.308=-0.004$	$-0.018\times24.639/226.308=-0.002$
4-5	$-0.040\times38.329/226.308=-0.007$	$-0.018\times38.329/226.308=-0.003$
5-6	$-0.040\times27.778/226.308=-0.005$	$-0.018\times27.778/226.308=-0.002$
6-7	$-0.040\times36.584/226.308=-0.006$	$-0.018\times36.584/226.308=-0.003$
7-1	$-0.040\times50.991/226.308=-0.009$	$-0.018\times50.991/226.308=-0.004$

① コンパス法則　　測角と測距の精度が同程度の場合に用いる

　　緯距，経距誤差を測線長に比例配分

$$e_{Li}=-E_L\frac{S_i}{\sum S_i},\qquad e_{Di}=-E_D\frac{S_i}{\sum S_i}$$

② トランジット法則　　測角に比して測距の精度が劣る場合に用いる

　　緯距，経距誤差を緯距，経距に比例配分

$$e_{Li}=-E_L\frac{|L_i|}{\sum|L_i|},\qquad e_{Di}=-E_D\frac{|D_i|}{\sum|D_i|}$$

（7）合緯距と合経距　　第1測点の座標が (x_1, y_1) として与えられれば，調整緯距および調整経距より合緯距（x 座標），合経距（y 座標）が計算される（**表10.5，図10.5**）。数学で用いる座標と異なることに注意する。

$$x_{i+1}=x_i+L_i,\qquad y_{i+1}=y_i+D_i$$

表 10.5 合緯距・合経距の計算

測　線	緯距調整量〔m〕	経距調整量〔m〕	調整緯距〔m〕	調整経距〔m〕	測　点	合緯距〔m〕	合経距〔m〕
1-2	-0.004	-0.002	-8.112	-24.111	1	0.000	0.000
2-3	-0.005	-0.002	13.837	-17.805	2	-8.112	-24.111
3-4	-0.004	-0.002	23.777	6.442	3	5.725	-41.916
4-5	-0.007	-0.003	11.763	36.474	4	29.502	-35.474
5-6	-0.005	-0.002	16.912	22.030	5	41.265	1.000
6-7	-0.006	-0.003	-30.686	19.926	6	58.177	23.030
7-1	-0.009	-0.004	-27.491	-42.956	7	27.491	42.956
合計	-0.040	-0.018	0.000	0.000		—	—

（8）面積計算　　得られた各測点の座標値をもとに合緯距法または倍横距法により閉合多角形の面積が計算できる（**表10.6**）。

　　合緯距法：面積 $=\dfrac{1}{2}|\sum x_i(y_{i+1}-y_{i-1})|,\qquad i=1\sim n$

　　倍横距法：面積 $=\dfrac{1}{2}|\sum (y_{i+1}+y_i)(x_{i+1}-x_i)|,\qquad i=1\sim n$

V. トラバース測量

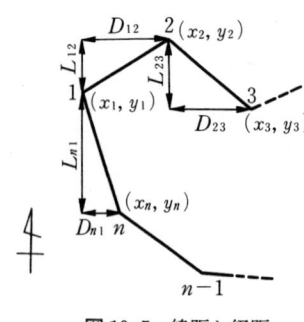

図10.5 緯距と経距

表10.6 面積計算（合緯距法）

測点	$y_{i+1}-y_{i-1}$	倍面積 $x_i(y_{i+1}-y_{i-1})$
1	−67.067	0.0
2	−41.916	340.0
3	−11.363	−65.1
4	42.916	1,266.1
5	58.504	2,414.2
6	41.956	2,440.9
7	−23.030	−633.1
合 計		5,763.0

×0.5
面積＝2 881.5 m²

実 習

〔使用器具〕セオドライト（トランシット）一式，巻尺1個，ポール2本，木杭，掛け矢，製図用具，方眼紙（A4判）

〔実習手順〕

（1）外 業

① 指定された測量区域に，見通しを考慮しながら，必要な数の測点を設ける。

② 順次，各測点間の距離を巻尺を用いてミリメートルまで往復測定する。トータルステーションを用いる場合は測角および測距をあわせて行う。

③ 始点において，セオドライト付属のコンパス指標を用い，第1測線の方位角を測定する。測定は2回行い，その平均値をもって方位角とする。

④ 各測点の交角（内角）を2倍角で順次測定する。

⑤ 測定された内角の総和を求めて誤差評価を行い，許容誤差（$30''\times\sqrt{n}$）を上回るようであれば測角の再測を行う。

（2）内 業

① 角誤差は等分配し，測角内角の調整を行う。端数は方位角が45°，135°，225°，315°に近い角に1秒ずつ配分する。

② 方位角 α の計算を行う。

③ 緯距 L，経距 D の計算を行う。

④ 閉合誤差 E，閉合比（精度）R を算出する。

⑤ 緯距と経距の誤差をコンパス法則を用いて配分し，調整緯距と調整経距を求める。

⑥ 第1測点の座標を（0, 0）とし，調整緯距，調整経距より x 座標（合緯距），y 座標（合経距）を求める。

⑦ 合緯距法により面積を算出する。

実習 10　閉合トラバース測量　49

⑧ A4判方眼紙上に適度な縮尺で各測点を展開し，図示する。

レポート

外業によって得られた観測結果を【データシート10】と【データシート12】に記入し，一覧にまとめる。内業の計算結果を【データシート13】と【データシート14】に記入し，測点を展開した図面とともに提出する。

演　習

（1）　図10.6のようなトラバース測量を実施し，以下の測角値を得た。内角調整を行い各内角の最確値を求め，測線BCの方位角を計算せよ。

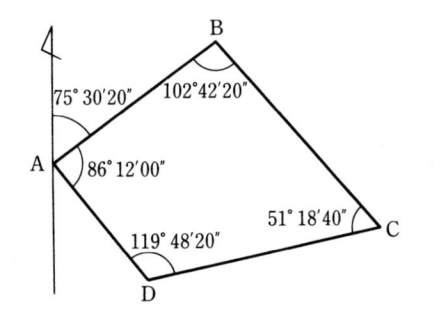

```
        B
75°30'20"  102°42'20"
A    86°12'00"
         51°18'40"  C
    119°48'20"
        D
```

図10.6　測角結果

（2）　実習によって得られたデータをもとに，トランシット法則による誤差配分を行い，各測点の座標値を計算し，コンパス法則により得られた結果と比較せよ。

【実習11】 平板による細部測量

目的

トラバース測量で得られた基準点を用いて，地物の細部測量の方法を習得する。

知識

平板を用いて細部測量を行う場合，図面全体のゆがみをなくすために，測量区域内に基準点を設け，その位置座標をトラバース測量などの基準点測量（骨組測量）によって求めることから始める。

実習

〔使用器具〕 平板一式，巻尺1個，ポール2本，ポリエステルフィルム，三角スケール，粘着テープ

〔実習手順〕

（1） トラバース測量で得られた基準点を，適当な縮尺で平板用ポリエステルフィルムに落とし，平板に粘着テープでとめる。

（2） 基準点に平板をすえつける。

（3） 放射法（【実習6】参照）により，付近の地物を平板上に描画する。

① 見通しがきかない場所は，基準点を利用して新たに基点を設ける。

② 距離測定が困難な場合には，前方交会法を用いて二つの方向線より位置を求める。

③ 建物などその形状が明らかな場合には，見えない箇所は巻尺で距離のみを別に測定し，図化してもよい。

（4） 順次，各基準点に移動し同様の作業を行い，基準点付近の地物を平板上に描く。

（5） 磁針箱を使用して，図上に磁北線を記入する。

（6） 得られた結果を持ち帰り，室内にて図面を完成させる（図6.4参照）。

レポート

不要な線や汚れを消し，標題，記号等を記入し，完成図面として提出する。

VI. 地 形 測 量

【実習12】 アリダードとセオドライトによる距離測量・高低測量

目 的

地形測量の基本として，アリダードとセオドライトのスタジアを用いて距離と高低差を求める。

知 識

(1) アリダードを用いる方法

① アリダードの視準板には，図12.1のように前・後視準板の間隔の1/100を1目盛として目盛が刻まれている。

② 高さを測定するには，図12.2のようにターゲットを視準し，測定した目盛数を $\pm n$ とし，距離 L を実測すれば高低差 H が求まる。

$$\pm \frac{n}{100} = \frac{H}{L}, \qquad H = \frac{nL}{100}$$

水平視準線からターゲットまでの高さを H，BCの長さを S，点Aから水平視準線までの高さを i，点Aの標高を H_A とすれば，点Bの標高 H_B は次式となる。

$$H_B = H_A + i \pm H - S$$

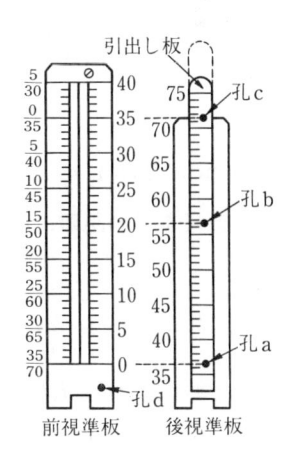

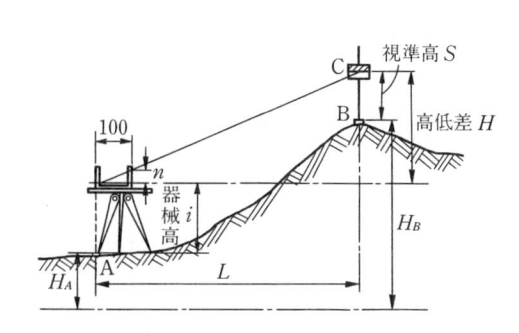

図12.1 視準板目盛[5]　　図12.2 2点間の高低差の測定

③ 図**12.3**のようにポールにターゲットを二つ取り付け，そのターゲット間隔をhとすれば，距離Lは次のように求まる。実際には，hを一定にしてn_1-n_2を読み取るか，n_1-n_2を一定にしhを読み取ってからLを求める。この方法をアリダードスタジア法という。

$$H_1 = \frac{n_1 L}{100}, \qquad H_2 = \frac{n_2 L}{100}, \qquad h = H_1 - H_2 = \frac{(n_1-n_2)L}{100}$$

$$\therefore L = \frac{100h}{n_1 - n_2}$$

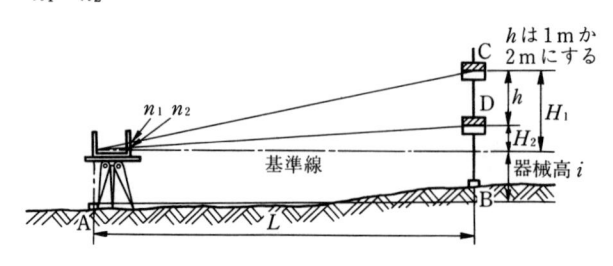

図12.3 スタジア法を用いた測量

（2） セオドライトを用いるスタジア測量　測点にセオドライトをすえつけて視準線上の標尺を視準し，図**12.4**のように上下スタジア線の間に挟まれた標尺の長さ（これを挟長という）と鉛直角を測定して，水平距離と高さを求める測量である。精度は高くないが，地形に影響されることが少なく作業性がよい。

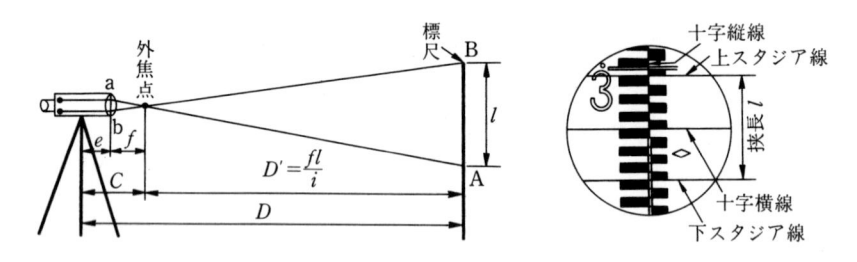

図12.4 スタジアの原理とスタジア線

① スタジアの原理　l：挟長，i：スタジア線間隔，e：器械の中心から対物レンズの光心との距離，f：対物レンズの焦点距離，D'：外焦点から標尺までの距離，D：器械の中心から標尺までの距離とすれば，下記の関係が成立する。

$$i : l = f : D' \qquad \therefore D' = \frac{fl}{i} \qquad D = D' + e + f = \frac{fl}{i} + e + f = \frac{fl}{i} + (e+f)$$

f/i，$e+f$は器械の性能であるので$K = f/i$，$C = e+f$とおけば$D = Kl + C$で示される。Kはスタジア乗数，Cはスタジア加数であり，一般に$K=100$，$C=0$である。

実習12 アリダードとセオドライトによる距離測量・高低測量　53

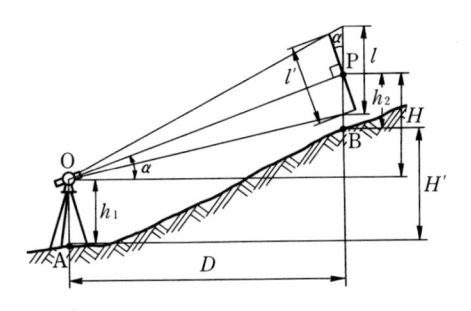

図12.5 スタジア一般公式の説明図

② 視準線が傾斜している場合（図12.5）　一般公式（視準線が傾斜している場合）は下記のとおりである。

$$D = Kl\cos^2\alpha + C\cos\alpha, \qquad H = \frac{1}{2}Kl\sin 2\alpha + C\sin\alpha$$

ここで，$K=100$，$C=0$の場合，$D=100l\cos^2\alpha$，$H=50l\sin 2\alpha$ となる。

器械高と視準高が異なるとき $H'=H\pm(h_1-h_2)$ である。

ただし，D：水平距離，H：高低差，K：乗数，C：定数，l：挟長，α：鉛直角，h_1：器械高，h_2：視準高（十字横線の標尺の読み）とする。

③ セオドライトは水平角・鉛直角・挟長を同時に測定できるので利用度が高い。望遠鏡の倍率から150m内外までは十分測量できる。

〔実　習〕

〔使用器具〕　平板一式，巻尺1個，ポール1本，セオドライト一式，標尺1本，標尺台1個

〔実習手順〕

（1）　アリダードによる距離測量

① 図12.6のように，$h=2\text{m}$ 一定としてアリダードを視準し，n_1，n_2 を読み取り L' を計算する。L' は $L'=100h/(n_1-n_2)$ である。同時に L を巻尺で測定する。

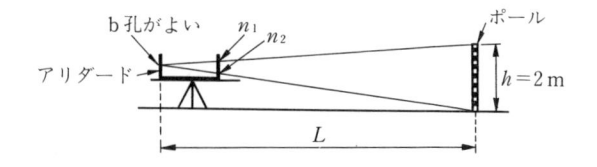

図12.6　アリダードによる距離測量

② 5回実施し，表12.1を参考にしてデータシートにまとめる。

③ L と L' との比較を行い，どのくらいの誤差があるか，それは L の大小とどういう関係にあるかを検討する。

（2）　スタジア定数の決定（セオドライトの K，C を実測して求める）

① 平坦な地面にセオドライトをすえつける。

VI. 地形測量

表 12.1 アリダードによる距離測量の野帳記入例

No.	n_1	n_2	n_1-n_2	h [m]	計算値 L'	実測値 L	$(L'-L)/L$ [%]
1	30	11	19	2	10.5	10.3	1.9
2							
3							
4							
5							

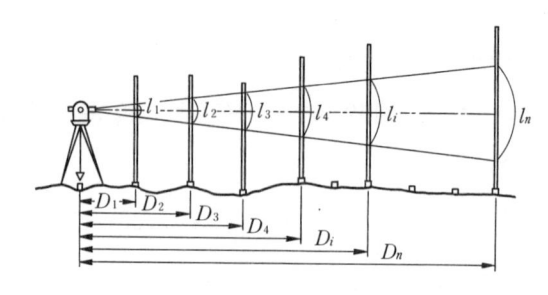

図 12.7 スタジア定数を求める方法

② 図 12.7のように，セオドライトから 10, 20, 30, …, 100 m 点上に標尺を鉛直に立てて上・下スタジア線の標尺を読み取り，データシートに記入する。

③ K, C の計算

$$D = Kl + C$$

$[D] = D_1 + D_2 + \cdots + D_n, \qquad [l] = l_1 + l_2 + \cdots + l_n$

$[ll] = l_1^2 + l_2^2 + \cdots + l_n^2, \qquad [lD] = l_1 D_1 + l_2 D_2 + \cdots + l_n D_n$

ただし，n：測定回数，$l_1, l_2, \cdots, l_n$：挟長の値，$D_1, D_2, \cdots, D_n$：器械から測定箇所までの距離とする。最小二乗法により，K, C が次式から求まる。

$$K = \frac{n[lD]-[l][D]}{n[ll]-[l][l]}, \qquad C = \frac{[ll][D]-[l][lD]}{n[ll]-[l][l]}$$

④ 実測による K, C と器械性能の K, C とを比較検討する。

（3）スタジア測量で，1基準点周辺の高低を把握する。この場合，方位角を測定し，図 12.8 のように右回りに放射状に測定する。このスタジア測量は**表 12.2** の野帳記入例を参考に，【データシート 17】に記入する。測量点周辺をスケッチし，できるだけ現場で標高や距離を計算する。

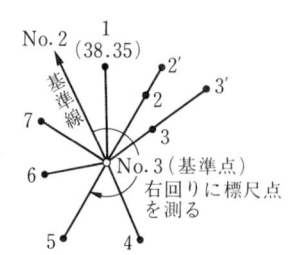

図 12.8 1基準点周辺のスタジア測量

実習12 アリダードとセオドライトによる距離測量・高低測量

表 12.2 スタジア測量の野帳記入例

測点 No.3，器械高＝1.40 m，標高＝35.76 m，＿＿年＿月＿日測量，天気：晴
$K=100$，$C=0$，観測手：A，記帳手：B，標尺手：C

視準点	スタジア読み〔m〕			視準高〔m〕	角度〔° ′〕		計算値〔m〕			備考
	上線	下線	l		水平	鉛直	距離	高低差	標高	
No.2					00 00					
標尺点 1	1.760	1.100	0.660	1.400	29 35	＋ 2 15	65.90	＋ 2.59	38.35	
2	1.682	1.100	0.582	1.400	58 00	＋ 3 08	58.03	＋ 3.18	38.94	
2′	1.720	1.000	0.720	1.400	58 00	＋ 3 07				
3	1.980	1.600	0.380	1.700	76 25	－ 6 26				
3′										

レポート

（1）アリダードによる距離測量の結果を【データシート15】にまとめよ。

（2）【データシート16】を用いてスタジア定数を求め，計算表およびK，Cとを比較検討せよ。

（3）スタジア測量による基準点周辺の高低について標高や距離の観測結果を【データシート17】にまとめよ。

演 習

（1）上・下ターゲットの間隔を1.20 mとして平板によるスタジア測量を行い，上・下のそれぞれの読みが$n_1=24.5$，$n_2=19.0$であった。平板点からターゲットまでの距離Lを求めよ。

（2）図12.9において点Aの標高が24.15 mの場合，24 m，25 mの等高線を描くためにはポールに取り付ける目標板の高さをそれぞれ何mにすればよいか。ただし，水平視準線と点Aに立てたポールとが交わる点Eの高さを1.25 mとする。

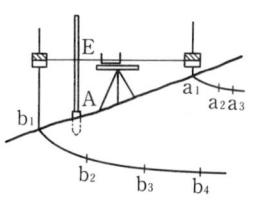

図12.9 スタジア測量による等高線の描出

表 12.3 スタジア定数決定のための測定結果

n	距離〔m〕	挟長〔m〕
1	20	0.199
2	40	0.401
3	60	0.602
4	80	0.800
5	100	1.002

（3）スタジア定数決定のため，表12.3のとおり測定した。K，Cを求めよ。

（4）スタジア測量を行い，次の結果を得た。水平距離と視準点の標高を求めよ。ただし，器械高＝視準高とし，$K=100$，$C=0$，挟長$l=0.52$ m，鉛直角$\alpha=+4°11′$，器械点の標高＝43.5 mである。

【実習13】 地形図の作成

目的

レベルを併用して平板上の図面に等高線を描き,構内地形図を作成する。

知識

(1) 地形測量は,地形・地物の位置・形状等を目的に応じて測量し,測量結果から一定の縮尺と図式記号などを用いて,地形図(平面図)を作成することである。地表の高低を表す地形図は種々の工事の計画・設計に用いられるが,現在ではそのほとんどが写真測量によって作成されている。ごく最近はGPS測量(口絵,【実習21】および【巻末資料8】参照)によるが,小規模な箇所ではレベルを併用して図面に等高線を描き地形図を作成する。

(2) 縮尺の大小については,大縮尺が1/10,000以上,中縮尺が1/10,000～1/100,000,小縮尺が1/100,000以下の区分が多く使われている。大縮尺では地物が大きく表示され,小縮尺では広範囲に表示される特徴がある。例えば,地上の50mの橋は1/5,000の地形図では1cmで,1/50,000では1mmで描かれる。

(3) 等高線は,地表の傾斜や凹凸などを表すもので,その種類と等高線間隔を**表13.1**に示す。また,等高線の線の太さ,実線・破線の区別を**図13.1**と**図13.2**に示す。

表13.1 等高線の種類と間隔

縮 尺	主曲線 〔m〕	補助曲線 〔m〕	特殊補助曲線 〔m〕	計曲線 〔m〕	備 考
1:500	1	0.5	0.25	5	大縮尺
1:1,000	1	0.5	0.25	5	
1:2,500	2	1	0.5	10	
1:5,000	5	2.5	1.25	25	
1:10,000	2	1	—	10	平地
1:10,000	4	2	—	20	山地
1:25,000	10	5	2.5	50	
1:50,000	20	10	5	100	

(国土交通省公共測量作業規定・国土地理院の図式規定)

図13.1 等高線の種類(その1)
 線号は線の太さを表し,
 線号2は0.1mm,線号4は0.2mm

縮尺 1:2,500, 1:5,000		
名 称	記 号	線号
主曲線	←10.0→	2
補助曲線	0.5 5.0	2
特殊補助曲線	0.5	2
計曲線		4

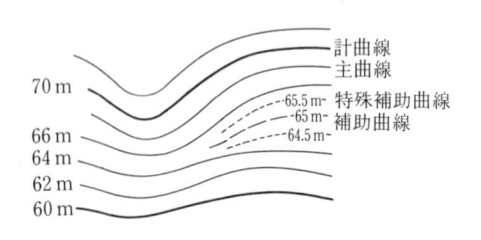

図13.2 等高線の種類(その2)

実習13　地形図の作成　57

(4) レベルを併用して平板図面上に直接等高線を描く方法 (図13.3)
① 平板図面上に等高線を描く範囲を予測しておき，レベルを適当な位置にすえつける。
② 標尺を既知点（トラバース点）に立て，その目盛 h を読み取る。
③ 求める等高点の標尺の目盛 x を計算する。
④ 平板を既知点にすえつける。
⑤ 標尺が順次，等高点（標尺の目盛 x の読める位置）に立つようにレベルを用いて標尺を誘導する。
⑥ レベルにより誘導された標尺の位置をアリダードで視準し，これを平板上に順次落としていき，地形を見ながら等高点を平板上に落とす。これらの落とされた等高点に標高をメモしておけば，フリーハンドで結びやすくなる。この結んだ線が等高線となる。

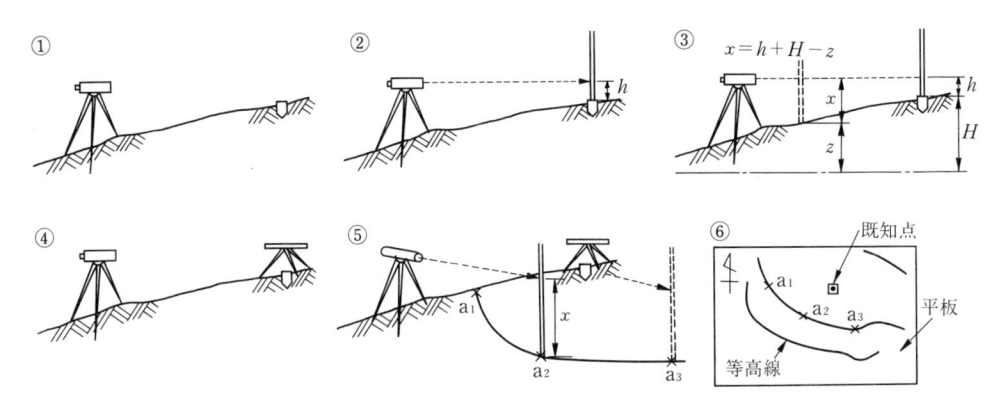

図13.3　レベルを併用して平板図面上に等高線を直接描く方法

(5) 等高線の間接的な描き方　外業で主要な点の位置と標高を求め，内業で等高線通過点を求めそれをフリーハンドか曲線定規で結ぶ間接法がある。
(6) 外業上の主要な点の求め方
① 地性線上の要点（山稜線，山頂，鞍部（峠），傾斜変化点，谷，台地等）を目測で定め，基準点からその標高を求める (図13.4)。
② 測量地域に長方形や正方形の方眼を図13.5のように組み，その交点の標高を求める。この場合，地域の高低差が少ないときは方眼の目を粗くとり，起伏が大きいときはそれを細かくとる。
(7) 等高線通過点の求め方 (50m方眼でC3＝45.37m，C2＝46.44m間に，標高46.00mの等高線通過点aの位置を求める場合，図13.6, 図13.7)
① 比例計算による方法　C3a を S_1 [m]，C2a を S_2 [m]とすれば
　　　　$S_1 : (46.00-45.37) = 50.00 : (46.44-45.37)$，　　$S_1 : 0.63 = 50.00 : 1.07$

58   VI. 地形測量

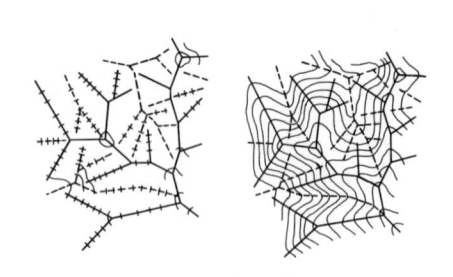

図 13.4　地性線による等高線[6]

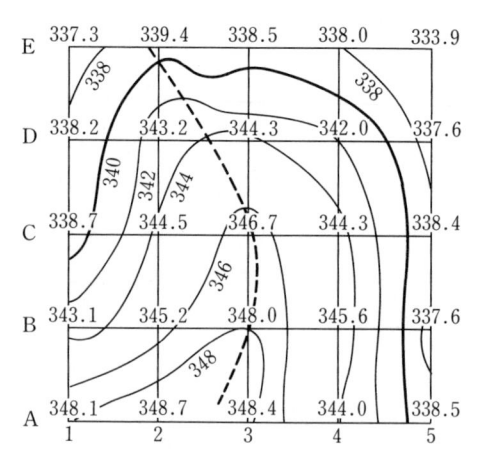

図 13.5　方眼による方法[6]

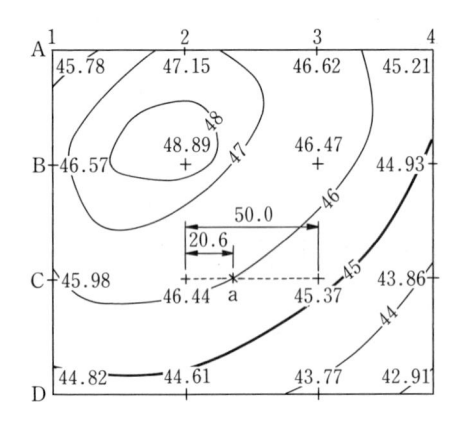

図 13.6　等高線（主曲線）の記入例

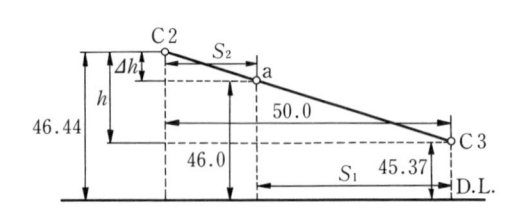

図 13.7　比例計算による等高線通過点の求め方

$$\therefore S_1 = \frac{50.00}{1.07} \times 0.63 ≒ 29.4\,\mathrm{m}, \quad S_2 = 50.00 - 29.4 = 20.6\,\mathrm{m}$$

② グラフによる方法　　トレーシングペーパーに，図 13.8 のようなグラフ（横線のみ）を作り，図上の2点のうち1点にグラフの標高線を合わせて測量針を刺し（ここではC2，これを中心にグラフを回し，他の点とグラフの標高線を合わせ（ここではC3），2点を結んだ線と求める標高を示すグラフ線との交点（ここではa）を図面上に落として標高線通過点を求める。

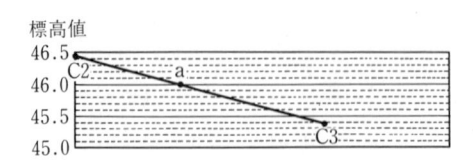

図 13.8　グラフによる等高線通過点の求め方

実習13 地形図の作成

実 習

〔使用器具〕 平板一式，オートレベル一式，標尺2本，標尺台2個，トラバース測量で得た平面図（部分的な図面で，既知標高の位置があるもの）1枚，測量ロープ，掛け矢，木杭数本

〔実習手順〕

（1） トラバース点の標高を構内の仮B.M.の標高を用いて，水準測量（閉合水準測量）によって求める。

（2） トラバース測量で得た構内図で既知標高の位置があるものの平板図面を用いる。

（3） その図面を平板上にはりつけ，現地でレベルを併用して平板図面上に直接，等高線を描く方法（ 知識 (4)）で等高線を入れる。

（4） 内業として，各班の平板図面に等高線を入れる。この場合，他班の図面を持ち寄り，比例計算やグラフを用いて，計曲線（50，60，70mなど），主曲線（62，64，66，68mなど），補助曲線（61，63，65，67mなど）の等高線を合成図にフリーハンドで入れ，表題・方位なども付けて地形図を仕上げる。

（5） 完成図が現地地形と一致しているか，等高線間隔が正しいかどうかを踏査・点検する。

レポート

（1） 地形測量の計画をどのように立てたか述べよ。
（2） 地形図をトレーシングペーパーに各自描いて提出せよ。

演 習

（1） 図13.9と図13.10を2〜3倍に拡大コピーする。
① 図13.9において5m間隔の等高線を入れよ。

50.1	47.9	45.7	40.5	44.8
45.9	48.1	46.1	43.8	40.6
47.8	44.5	44.6	40.2	44.0
46.1	43.8	44.1	46.5	47.1

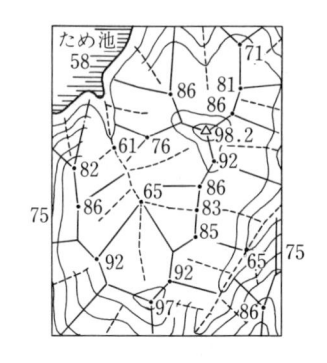

（単位：m）

図13.9 地性線と等高線の関係　　　図13.10 方眼による方法

② 図 13.10 において，20 m 間隔で標高を求めた．2 m 間隔の等高線を入れよ．

（2） 図 **13.11** において □ 内に相当する計曲線を記入せよ．また，凸線・凹線を実線および破線で図中（図 13.11 を 2～3 倍拡大コピーしたもの）に明示し，さらに，主曲線の欠けている部分の等高線を描け．

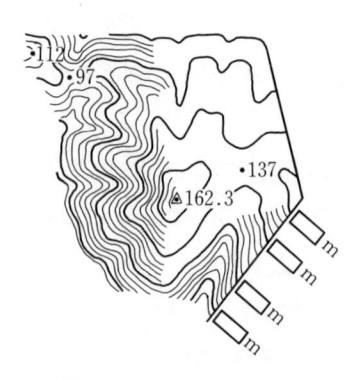

図 **13.11** 計曲線の求め方

VII. 三角・三辺測量

【実習14】三 角 測 量

目 的

三角測量（単列三角鎖）における測角作業と調整計算の方法を習得する。

知 識

（1） 正弦定理　　三角形の内角を A, B, C, それぞれに対向する辺長を a, b, c とすれば（**図 14.1**），以下の関係（正弦定理）がある。

$$\frac{a}{\sin A} = \frac{b}{\sin B} = \frac{c}{\sin C}, \qquad a = b\frac{\sin A}{\sin B}, \qquad c = b\frac{\sin C}{\sin B}$$

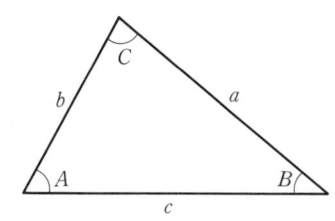

図 14.1　三角形要素

（2） 三角鎖の調整計算　　角条件と辺条件を満たすように以下の方法で誤差の調整を行う。

① 角条件（**表 14.1**）　　各三角形において，内角の和が $180°$ になるように調整を行う。

$$誤差\ \varepsilon = A_i + B_i + C_i - 180°$$

誤差を各測定角に秒単位で等配分（$\varepsilon/3$）して補正を行う。端数は，sin 関数において影響の少ない $90°$ に近い角にしわよせして処理する。

② 辺条件（**表 14.2**）　　基線長を L_1，検基線長を L_2 とすれば，正弦定理より以下の条件（辺条件）を満たさなければならない。

$$\frac{L_1 \sin A_1 \sin A_2 \sin A_3 \cdots \sin A_n}{L_2 \sin B_1 \sin B_2 \sin B_3 \cdots \sin B_n} = 1$$

ここに，A は未知辺に対向する内角，B は基線および順次求まる既知辺に対向する内角，そして残った内角を C とする（**図 14.2**）。いま

$$w = \frac{L_1 \sin A_1 \sin A_2 \sin A_3 \cdots \sin A_n}{L_2 \sin B_1 \sin B_2 \sin B_3 \cdots \sin B_n} - 1$$

VII. 三角・三辺測量

表 14.1 角条件による調整

三角形番号	角名	観測角 [° ′ ″]	誤差 ε[″]	調整量 −ε/3	角条件調整角 [° ′ ″]
①	A_1	89 59 45		+3	89 59 48
	B_1	44 27 00		+2	44 27 02
	C_1	45 33 08		+2	45 33 10
	計	179 59 53	−7	+7	180 00 00
②	A_2	63 37 20		−2	63 37 18
	B_2	85 49 00		−1	85 48 59
	C_2	30 33 45		−2	30 33 43
	計	180 00 05	+5	−5	180 00 00
③	A_3	112 22 13		+3	112 22 16
	B_3	34 25 43		+4	34 25 47
	C_3	33 11 53		+4	33 11 57
	計	179 59 49	−11	+11	180 00 00
④	A_4	60 24 27		−6	60 24 21
	B_4	94 30 10		−5	94 30 05
	C_4	25 05 40		−6	25 05 34
	計	180 00 17	+17	−17	180 00 00

表 14.2 辺条件による調整

三角形番号	角名	角条件調整角 [° ′ ″]	$\sin A$ / $\sin B$	$\cot A$ / $\cot B$	補正量 v	辺条件調整角 [° ′ ″]
①	A_1	89 59 48	1.000 000	0.000	−7	89 59 41
	B_1	44 27 02	0.700 293	1.019	+7	44 27 09
	C_1	45 33 10				45 33 10
②	A_2	63 37 18	0.895 880	0.496	−7	63 37 11
	B_2	85 48 59	0.997 335	0.073	+7	85 49 06
	C_2	30 33 43				30 33 43
③	A_3	112 22 16	0.924 738	−0.412	−7	112 22 09
	B_3	34 25 47	0.565 395	1.459	+7	34 25 54
	C_3	33 11 57				33 11 57
④	A_4	60 24 21	0.869 545	0.568	−7	60 24 14
	B_4	94 30 05	0.996 915	−0.079	+7	94 30 12
	C_4	25 05 34				25 05 34

$L_1 = 80.145$ m　　$w = 0.000\,103\,08$　　検算：$w = 0.000\,000\,0$
$L_2 = 146.643$ m　　$v = 6.8″ ≒ 7″$　　精度：1/9,700

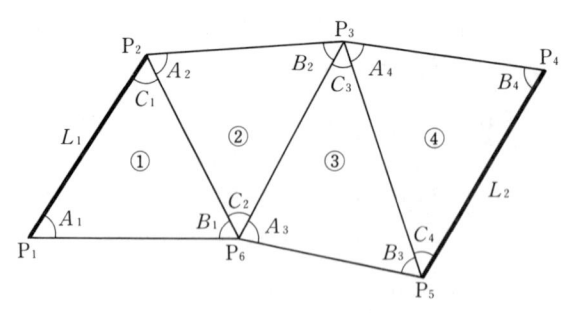

図 14.2　単列三角鎖の記号

として各三角形に対する角条件を崩さないように，内角 A の補正量を $-v$，内角 B の補正量を $+v$ とすれば，辺条件 $w=0$ を満たす補正量 v として最終的に以下の関係が得られる。

$$v = \frac{w\rho''}{\sum(\cot A_i + \cot B_i)}, \qquad \rho'' : 秒変換係数 (= 206\,265'')$$

ゆえに，辺条件によって補正された内角 A'，B'，C' は，次式で与えられる。

$$A_i' = A_i - v, \qquad B_i' = B_i + v, \qquad C_i' = C_i$$

③ **精度計算** 測量精度は，計算によって得られた検基線長と実測された検基線長より以下のように示される。

$$精度 = \frac{|(実測検基線長)-(計算検基線長)|}{(実測検基線長)} = |w| = \frac{1}{|w^{-1}|}$$

実 習

〔使用器具〕 基線測量器具一式，セオドライト一式，ポール2本，木杭，掛け矢，製図用具，方眼紙（A4判）

〔実習手順〕

（1） 指示された測量区域に，単列三角鎖を形成するように測点を設ける。

（2） 基線および検基線の精密距離測量を行う（【実習3】参照）。

（3） 計算の便宜上，三角鎖に以下の要領で記号付けを行う（図14.2）。

① 基線から検基線まで順に，三角形に1から n までの要素番号を付け，また，頂点は順に P_1，P_2，…，P_{n+2} とする。

② 未知辺に対向する内角を A，基線および順次求まる既知辺に対向する内角を B，そして残った内角を C とする。

③ 基線長を L_1，検基線長を L_2 とする。

（4） セオドライト付属のコンパス指標を用いて基線の方位角（P_1P_2）を測定し記帳する。測定は2回行い，その平均値をもって方位角とする。

（5） 各三角形要素の内角を2倍角法により測定する。

（6） 各三角形の内角の和を求め，角条件より得られた誤差が $\pm 30''$ を超えるようであれば，再測を行う。

（7） 角誤差を各内角に等配分し，内角の調整を行う。端数は90°に近い角に配分する。

（8） 得られた調整内角と，基線長および検基線長を用いて w を算出し，測量精度を求める。精度が1/5,000を下回った場合は再測を行う。

（9） 辺条件による補正量 v を算出し，内角 A_i，B_i を調整する。

(10) 最終的に得られた内角を用いて，A_i と C_i に対向する辺長を正弦定理により算出する（**表 14.3**）。

表 14.3 辺長計算

三角形番号	角名	調整角 [° ′ ″]			辺名 (測線)	辺長 [m]
①	B_1	44	27	09	P_1P_2	基線 = 80.145
	C_1	45	33	10	P_1P_6	$b\sin C/\sin B = 81.699$
	A_1	89	59	41	P_2P_6	$b\sin A/\sin B = 114.441$
②	B_2	85	49	06	P_2P_6	114.441
	C_2	30	33	43	P_2P_3	$b\sin C/\sin B = 58.345$
	A_2	63	37	11	P_3P_6	$b\sin A/\sin B = 102.797$
③	B_3	34	25	54	P_3P_6	102.797
	C_3	33	11	57	P_5P_6	$b\sin C/\sin B = 99.548$
	A_3	112	22	09	P_3P_5	$b\sin A/\sin B = 168.125$
④	B_4	94	30	12	P_3P_5	168.125
	C_4	25	05	34	P_3P_4	$b\sin C/\sin B = 71.520$
	A_4	60	24	14	P_4P_5	検基線 = 146.643

(11) n 個の三角形要素で形成される $(n+2)$ 角形の閉合トラバース（【実習10】参照）と考えて（**表 14.4**），各三角点の座標（合緯距，合経距）を計算する。第1測線の方位角は，基線の方位角を用い，第1測点(P_1)の座標を$(0, 0)$とする。

表 14.4 内角と辺長一覧

測点	測点内角		[° ′ ″]		測線	辺長 [m]
P_1	A_1	89	59	41	P_1P_2	80.145
P_2	C_1+A_2	109	10	21	P_2P_3	58.345
P_3	$B_2+C_3+A_4$	179	25	17	P_3P_4	71.520
P_4	B_4	94	30	12	P_4P_5	146.643
P_5	B_3+C_4	59	31	28	P_5P_6	99.548
P_6	$B_1+C_2+A_3$	187	23	01	P_6P_1	81.699
合計		720	00	00		537.900

(12) A4判方眼紙上に適度な縮尺で各測点を展開し図示する。

> **レポート**

以下のものをまとめて提出する。

(1) 記号を付記した三角鎖の概略図

(2) 基線測量の結果（【データシート3】）

(3) 基線の方位角，各内角の観測結果（【データシート10】）

(4) 角条件計算表，辺条件計算表，辺長計算表（【データシート18】〜【データシート20】）

(5) 三角点の座標計算表（【データシート21】）

（6） 測点展開図面

演 習

（1） 辺条件式およびそれより得られる補正量 v の算定式を導出せよ。

【実習15】 三 辺 測 量

目 的

単列三角鎖を例に三辺測量の基本を理解する。

知 識

（1） **三辺測量** 光波測距儀により高精度の距離測量が可能になった現在，三角測量に代わり辺長を直接測定し三角点の座標を求める三辺測量や，両方を組み合わせた測量が行われるようになってきた。三角形要素は三辺の測定によりその形状が一義的に決定されるため，三辺測量では角条件のような数学的な条件は得られない。そこで，測定誤差を評価・調整するために，例えば四辺形では二つの三角要素の各辺長測定に加え，余分な対角線長の測定もあわせて行い，測距誤差の評価と調整を行う。調整には観測方程式による方法などがあるが，計算は複雑で今日では計算機による解法が一般的である。

本実習では三辺測量の原理を理解することを目的に，調整のための余分な測距を行わない開放型の測量を実施し，測点の座標を算出する作業を行う。

（2） **内角の算定** 三角形の三辺が得られれば，次式（第二余弦定理）により各内角が計算できる（図14.1参照）。

$$A = \cos^{-1}\left(\frac{b^2+c^2-a^2}{2bc}\right)$$

$$B = \cos^{-1}\left(\frac{c^2+a^2-b^2}{2ca}\right)$$

$$C = \cos^{-1}\left(\frac{a^2+b^2-c^2}{2ab}\right)$$

また，面積はヘロンの公式（【実習1】参照）より求まる。

実 習

〔使用器具〕 トータルステーション（または光波測距儀）一式，プリズム，木杭，掛け矢，製図用具，方眼紙(A4判)

〔実習手順〕

（1） 指示された測量区域に，単列三角鎖を形成するように測点を設ける。

（2） 始点を決め，始点から右回りに三角点に P_1，P_2，…，P_{n+2} の測点番号を付け，i 番目の三角形要素の内角を A_i，B_i，C_i とする（図14.2参照）。

（3） コンパス指標を用いて第1測線の方位角（P_1P_2）を測定し記帳する。測定は2回

実習 15 三 辺 測 量

行い，その平均値をもって方位角とする。

（4） 順次測点を移動しながら，すべての辺長を測定し記帳する。各辺長の測定は3回行い，その平均値を距離とする。

（5） 得られた辺長をもとに，各三角形要素の面積を計算し，その総和として全体の面積を算出する。

（6） 第二余弦定理を用いて各内角を求め，一覧表にまとめる（**表 15.1，表 15.2**）。

表 15.1 三角形の内角計算

三角形	辺 名	観測辺長 [m]	角 名	計算内角	°	′	″
①	$a : P_2P_6$	44.735	A_1	$\cos^{-1}\{(b^2+c^2-a^2)/2bc\}=$	77	10	52
	$b : P_1P_2$	38.279	B_1	$\cos^{-1}\{(c^2+a^2-b^2)/2ca\}=$	56	32	56
	$c : P_1P_6$	33.152	C_1	$\cos^{-1}\{(a^2+b^2-c^2)/2ab\}=$	46	16	12
			計		180	00	00
②	$a : P_3P_6$	51.365	A_2	$\cos^{-1}\{(b^2+c^2-a^2)/2bc\}=$	72	39	51
	$b : P_2P_6$	44.735	B_2	$\cos^{-1}\{(c^2+a^2-b^2)/2ca\}=$	56	14	20
	$c : P_2P_3$	41.875	C_2	$\cos^{-1}\{(a^2+b^2-c^2)/2ab\}=$	51	05	49
			計		180	00	00
③	$a : P_3P_5$	48.956	A_3	$\cos^{-1}\{(b^2+c^2-a^2)/2bc\}=$	53	30	31
	$b : P_3P_6$	51.365	B_3	$\cos^{-1}\{(c^2+a^2-b^2)/2ca\}=$	57	30	44
	$c : P_5P_6$	56.842	C_3	$\cos^{-1}\{(a^2+b^2-c^2)/2ab\}=$	68	58	45
			計		180	00	00
④	$a : P_4P_5$	38.276	A_4	$\cos^{-1}\{(b^2+c^2-a^2)/2bc\}=$	51	18	22
	$b : P_3P_5$	48.956	B_4	$\cos^{-1}\{(c^2+a^2-b^2)/2ca\}=$	86	38	11
	$c : P_3P_4$	32.851	C_4	$\cos^{-1}\{(a^2+b^2-c^2)/2ab\}=$	42	03	27
			計		180	00	00

表 15.2 内角と辺長一覧

測 点	測点内角	°	′	″	測 線	辺長 [m]
P_1	A_1	77	10	52	P_1P_2	38.279
P_2	C_1+A_2	118	56	03	P_2P_3	41.875
P_3	$B_2+C_3+A_4$	176	31	27	P_3P_4	32.851
P_4	B_4	86	38	11	P_4P_5	38.276
P_5	B_3+C_4	99	34	11	P_5P_6	56.842
P_6	$B_1+C_2+A_3$	161	09	16	P_6P_1	33.152
合 計		720	00	00		241.275

（7） n 角形の閉合トラバース（【実習10】参照）と考えて，測線の方位角，緯距・経距の計算を行い，各測点の座標（合緯距，合経距）を算出する。第1測点の座標は(0, 0)とする。

（8） A4判方眼紙上に適度な縮尺で各測点を展開し，図示する。

VII. 三角・三辺測量

> レポート

以下のものをまとめて提出する。

（1） 記号を付記した三角鎖の概略図
（2） 辺長の観測結果，面積・内角計算表（【データシート 22】）
（3） 測点の座標計算表（【データシート 23】）
（4） 測点展開図面

VIII. 路線測量

【実習 16】 簡単な単心曲線の設置に伴う諸量の計算

目 的

簡単な単心曲線の設置に伴う諸量の計算方法を理解する。

知 識

（1） 路線測量は，道路，鉄道，水路などの建設に，延長が長く比較的幅の狭い区域で行われる測量である。路線は，直線と曲線の組合せからなっており，その曲線でよく使われるものを**表 16.1** に示す。

表 16.1　曲線の種類

曲線	平面曲線	円曲線	単心曲線
			複心曲線
			反向曲線
			ヘアピンカーブ
		緩和曲線	三次放物線
			クロソイド曲線
			レムニスケート曲線
	縦曲線	放物線	
		円曲線	

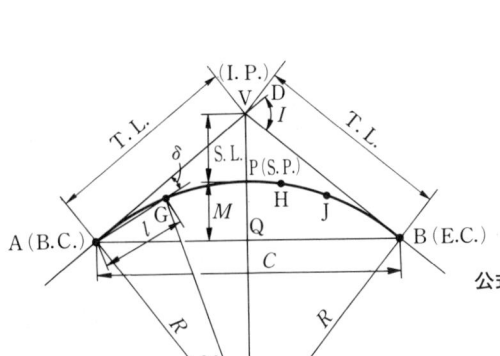

A：曲線始点（B.C.），B：曲線終点（E.C.）
V：交点（I.P.），∠BVD：交角（I）
OA＝OB：曲線半径（R），P：曲線中点（S.P.）
PQ：中央縦距（M），AB：弦長（C）
APB：曲線長（C.L.），VA＝VB：接線長（T.L.）
∠AOB：中心角（∠AOB＝I）
VP：外線長（S.L.），G, H, J：中心杭
∠VAG：偏角（$δ$），AG：弧長（l）
∠VAB＝∠VBA：総偏角（∠VAB＝∠VBA＝$I/2$）

公式　　$\text{T.L.} = R\tan\dfrac{I}{2}$, $C = 2R\sin\dfrac{I}{2}$, I の単位：度

$$\text{S.L.} = \text{VO} - R = \dfrac{R}{\cos\dfrac{I}{2}} - R = R\left(\dfrac{1}{\cos\dfrac{I}{2}} - 1\right)$$

$$M = R\left(1 - \cos\dfrac{I}{2}\right), \quad \text{C.L.} = 0.017\,453\,RI$$

$$δ = 1\,718.87\,l/R\,〔分〕$$

図 16.1　単心曲線の用語

（2）単心曲線の設置に必要な用語，略号および公式を**図16.1**に対応して示す。

（3）路線測量の手順は，一般に次のように行われる。

① 地形測量によって路線予定地一帯の地形図を作成する。

② 地形図に路線計画をし，単心曲線の設置に伴う諸計算を行う。

③ 選定路線を現地上に設定し，縦横断測量図を作成する。

④ その図面に計画線を入れて，切盛土量，その他の計算を行う。

（4）曲線設置に関する法令には，曲線半径（道路構造令第15条），曲線長（道路構造令の解説），緩和区間（道路構造令第18条），片勾配と拡幅（道路構造令の解説），縦断勾配（道路構造令第20条），登坂車線（道路構造令第21条），縦断曲線（道路構造令第22条）などがあるので，設計の際に利用する。

（5）単心曲線の設置に伴う諸量の計算例（**図16.2**）　交点の位置が起点（No.0）から515.38mで，曲線半径 $R=200$ m，交角 $I=56°20'00''$ の単心曲線において，T.L., C.L., S.L., M, C, 始短弦に対する偏角，終短弦に対する偏角，および20mごとの中心杭を偏角法によって求める。

$$\text{T.L.} = R\tan\frac{I}{2} = 200\times\tan\left(\frac{56°20'}{2}\right) = 200\times\tan 28°10' = 107.09\,\text{m}$$

$$\text{C.L.} = 0.017\,453\,RI = 0.017\,453\times 200\times 56.33 = 196.63\,\text{m}$$

$$\text{S.L.} = R\left(\frac{1}{\cos\dfrac{I}{2}}-1\right) = 200\times\left(\frac{1}{\cos\dfrac{56°20'}{2}}-1\right) = 26.87\,\text{m}$$

$$M = R\left(1-\cos\frac{I}{2}\right) = 200\times\left\{1-\cos\left(\frac{56°20'}{2}\right)\right\} = 23.68\,\text{m}$$

$$C = 2R\sin\frac{I}{2} = 2\times 200\times\sin\left(\frac{56°20'}{2}\right) = 188.82\,\text{m}$$

B.C.の位置は，$515.38-\text{T.L.} = 515.38-107.09 = 408.29\,\text{m} = \text{No.}20+8.29\,\text{m}$

E.C.の位置は，$\text{B.C.}+\text{C.L.} = 408.29+196.63 = 604.92\,\text{m} = \text{No.}30+4.92\,\text{m}$

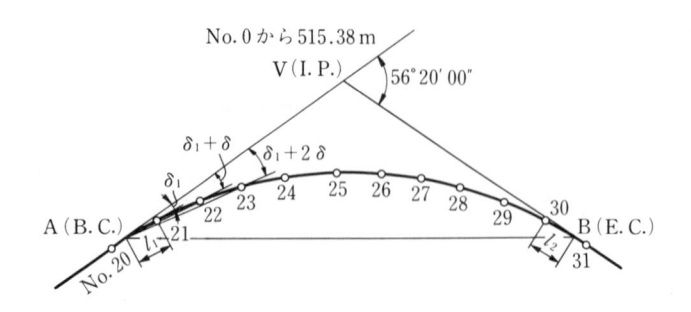

図16.2　単心曲線の設置方法（偏角法）

実習16 簡単な単心曲線の設置に伴う諸量の計算

S.P. の位置は，B.C. $+ \dfrac{C.L.}{2} = 408.29 + \dfrac{196.63}{2} = 506.61$ m $=$ No. 25 $+ 6.61$ m

偏角 $\delta = 1\,718.87\dfrac{l}{R} = 1\,718.87 \times \dfrac{20}{200} = 171.89' \fallingdotseq 2°\,51'\,53''$

始短弦 $l_1 = 420 - 408.29 = 11.71$ m, 　　終短弦 $l_2 = 604.92 - 600 = 4.92$ m

始短弦 l_1 に対する偏角 $\delta_1 = 1\,718.87\dfrac{l_1}{R} = 1\,718.87 \times \dfrac{11.71}{200} = 100.64' \fallingdotseq 1°\,40'\,38''$

終短弦 l_2 に対する偏角 $\delta_2 = 1\,718.87\dfrac{l_2}{R} = 1\,718.87 \times \dfrac{4.92}{200} \fallingdotseq 42'\,17''$

単心曲線の設置に伴う諸量の計算値は，**表16.2** のようにまとめられる。

表16.2 単心曲線の設置に伴う諸量の計算値の一覧表

中心杭	累加距離 〔m〕	偏　角 〔°　′　″〕	実際に測定する角度 〔°　′　″〕	備　考
No. 20+8.29	408.29			B.C.
No. 21	420	1　40　38	1　40　40	δ_1
No. 22	440	4　32　31	4　32　40	$\delta_1 + \delta$
No. 23	460	7　24　24	7　24　20	$\delta_1 + 2\delta$
No. 24	480	10　16　17	10　16　20	$\delta_1 + 3\delta$
No. 25	500	13　08　10	13　08　00	$\delta_1 + 4\delta$
No. 26	520	16　00　03	16　00　00	$\delta_1 + 5\delta$
No. 27	540	18　51　56	18　52　00	$\delta_1 + 6\delta$
No. 28	560	21　43　49	21　43　40	$\delta_1 + 7\delta$
No. 29	580	24　35　42	24　35　40	$\delta_1 + 8\delta$
No. 30	600	27　27　35	27　27　40	$\delta_1 + 9\delta$
No. 30+4.92	604.92	28　09　52	28　10　00	E.C. $(\delta_1 + 9\delta + \delta_2)$
		⇓ 28°10′	⇓ 28°10′	チェック！ ⇐ $I/2 = 28°10'$

実　習

〔使用器具〕　製図用具一式

〔実習手順〕　本来は，平面図から路線を選定し，縦横断面図等より工事量を出し，路線決定後，曲線中心杭の設置（曲線設置），縦横断測量の実施，用地測量，そして施工の手順による場合がある。ここでの実習では，曲線設置以降を実施する。

（1）　曲線設計条件：道路幅員 4 m，設計速度 30 km/h（第 4 種道路），縦断勾配：No. 0 ～ No. 10 まで +2 %，中心杭間隔 10 m，起点から I.P. 間の距離 $= 40$ m $+$（班番号）$\times 0.5$ m，交角 $I = 60°$。なお，終点杭は No. 10（起点から 100.00 m），プラス杭は No. 3 +（班番号）$\times 0.5$ m に設置するほか，もし地形の変化点があればそこにも設置する。

（2）　単心曲線の設置に伴う諸計算

① 曲線半径を決定する。なお，ここでは，片勾配や拡幅等は設計速度 30 km/h の第 4 種道路の性格から付けない。

② T.L., C.L., S.L., M, C, B.C., E.C. の位置，始短弦 l_1，終短弦 l_2，l_1 と l_2 および

Ⅷ. 路線測量

10 m に対する偏角 δ_1, δ_2, δ ($I/2 = \delta_1 + \sum\delta + \delta_2$ の検算), B.C. からの各中心杭に対する偏角を計算する。

③ 上記①, ②について計算表と一覧表にまとめ, 縮尺 1/500 の平面図を作成し, それに単心曲線の設置に伴う諸量を記入する。

レポート

与えられた条件で曲線設置の諸量計算一覧表 (【データシート 24】も添付), 縮尺 1/500 の曲線設置平面図 (平面図の中には計算した諸量の数値を入れたもの) を提出する。なお, 班長は, その平面図のコピーを【実習 17】の実習に持参する。

演習

(1) 路線選定の条件を記せ。
(2) 単心曲線において, 接線長 72.794 m, 交角 40° のとき, 半径はいくらか。

【実習 17】 簡単な単心曲線の設置

目　的
簡単な単心曲線を設置する技術を理解する。

知　識

（1）単心曲線の設置方法

① 偏角法　　セオドライトで偏角を，巻尺で距離を測定して，曲線設置する方法で，最もよい結果が得られる（【実習 16】参照）。

② 中央縦距による測設法（図 17.1）　　この方法は，M_1 を求めて P_1 を定め，順次 $M_2 \rightarrow P_2$，$M_3 \rightarrow P_3$，…，$M_n \rightarrow P_n$ を定めていくもので，中央縦距 M_1 の 1/4 が M_2，M_2 の 1/4 が M_3…となり，現場で単純に曲線設置ができる。

③ 接線からのオフセットによる測設法（図 17.2）　　曲線上の点を座標 (X, Y) として求める方法で，偏角法が困難なときに使用される。

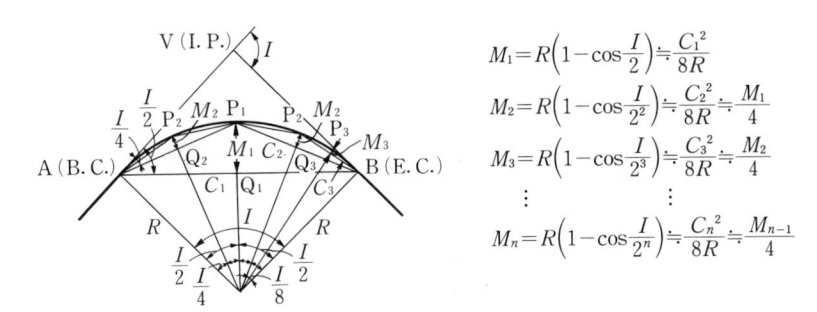

$$M_1 = R\left(1 - \cos\frac{I}{2}\right) \fallingdotseq \frac{C_1^2}{8R}$$

$$M_2 = R\left(1 - \cos\frac{I}{2^2}\right) \fallingdotseq \frac{C_2^2}{8R} \fallingdotseq \frac{M_1}{4}$$

$$M_3 = R\left(1 - \cos\frac{I}{2^3}\right) \fallingdotseq \frac{C_3^2}{8R} \fallingdotseq \frac{M_2}{4}$$

$$\vdots$$

$$M_n = R\left(1 - \cos\frac{I}{2^n}\right) \fallingdotseq \frac{C_n^2}{8R} \fallingdotseq \frac{M_{n-1}}{4}$$

図 17.1　中央縦距による測設法[7]

$\delta = 1\,718.87\, l/R$ 〔分〕
$I = 2R \sin \delta$
$x = l \sin \delta = 2R \sin^2 \delta = R(1 - \cos 2\delta)$
$y = l \cos \delta = 2R \sin \delta \cos \delta = R \sin 2\delta$

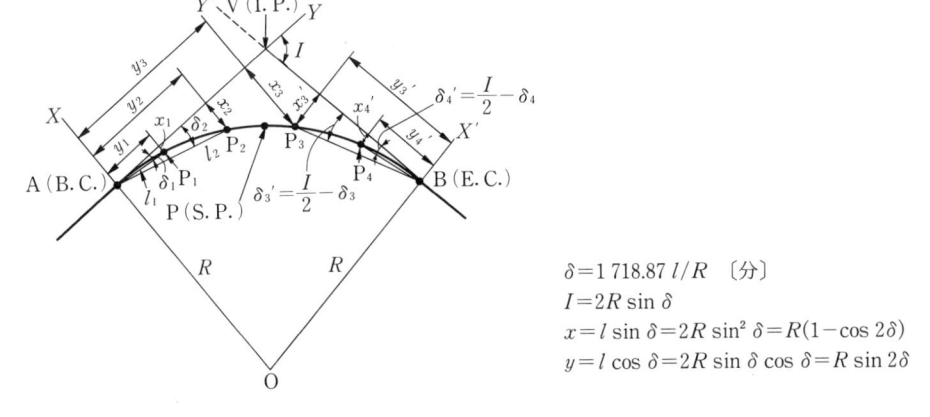

図 17.2　接線からのオフセットによる測設法[7]

Ⅷ. 路線測量

（2） その他の単心曲線の設置方法

① **交角が実測できない場合（図17.3）**　二つの接線上の点 A′, B′ が見通せる場合，∠α, ∠β を測定すれば ∠α′, ∠β′ が求まるので，$I = α′ + β′$ となる。

$$A′V = A′B′\frac{\sin β′}{\sin γ}, \qquad B′V = A′B′\frac{\sin β′}{\sin γ}$$

したがって，$AA′ = T.L. - A′V$, $BB′ = T.L. - B′V$

点 A′, B′ が見通せない場合（図17.4）　点 A′, B′ 間に閉合トラバース VA′CDB′ を考えると，多角形の理論内角から γ が求まるので交角 I も求まる。

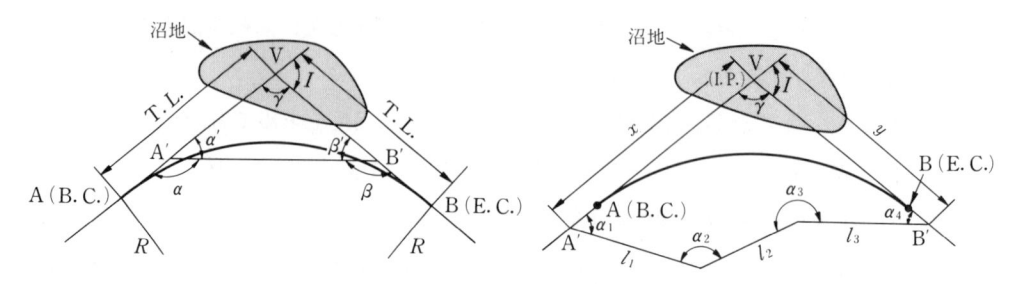

図17.3　交角が実測できない場合の測設法　　　図17.4　点 A′, B′ が見通せない場合の測設法

② **交角と曲線中心の通る点から，現場において曲線半径を求める場合**　これは，曲線中点を現場で少し移動することで施工しやすい場合がある。このとき曲線中点を定めて，曲線の半径 R を逆算する。

$$S.L. = R\left(\sec\frac{I}{2} - 1\right), \qquad ∴ R = \frac{S.L.}{\sec(I/2) - 1}$$

③ 測量地域によっては，**図17.5** のように B.C., E.C. の点にそれぞれセオドライトをセットし，巻尺を使用しないで二つの視準線の交点に曲線上の点を設置する場合がある。

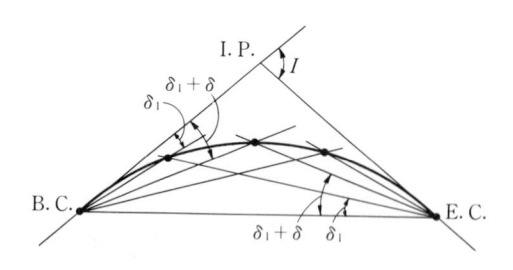

図17.5　巻尺を使用しないで設置する方法

（3） 偏角法における弧長と弦長の関係　曲線部に中心杭を設置するとき，例えば，半径 R が 50 m と小さい場合は，弧長と弦長の関係から弦長 (C) を弧長（ここでは $l=20$ m とする）よりも短くとらなければ誤差が生じるので注意する。その誤差 ($l-C$) は，$l^3/(24R^2)=20^3/(24\times50^2)=0.133$ m となるから，弧長が 20 m のときは弦長を $20-0.13=19.87$ m として曲線の中心線と交わるようにとる。$l/R \leqq 0.1$ の場合は，この誤差を無視できるから $l=C$ と考えてよい。

実　習

〔使用器具〕【実習16】簡単な単心曲線の設置に伴う諸計算の図面コピー1枚，計算書，セオドライト一式，巻尺1本，木杭またはピンポール20本程度，掛け矢，細マジック，製図用具

〔実習手順〕

（1）　本実習ではこの方法で実施する。指示された実習地に，起点杭 No.0 を設置し，「No.0」と記す。杭頭には×印を付けておく。

（2）　【実習16】簡単な単心曲線設置に伴う設計算の図面に基づいて，**図17.6** のように I.P. 杭を設置し，「I.P.」と記す。セオドライトをすえつけ，No.0 を見通す。

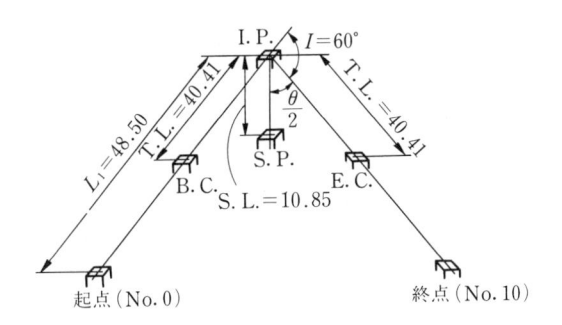

図17.6　I.P. 点の設定

（3）　見通し線上に B.C. 杭を設置し，これに「B.C.」と記す。

（4）　セオドライトの望遠鏡を反転し，「角度目盛＋交角 I」の角度となるまで交角 I をふる。

（5）　見通し線上に E.C. 杭および終点（No.10）までの杭を設置し，これらに「E.C.」，「No.10」などと記す。セオドライトはそのままにしておく。

（6）　S.P. 杭を設置し「S.P.」と記す。これは I.P. 点から $(180°-交角 I)/2$ の角度を E.C. 点から S.P. 点方向にするとともに，I.P. 点から E の距離を測れば求まる。

（7）　B.C. 点にセオドライトを移す。

（8）　角度を 0°00′00″ にして，I.P. 点を視準し，偏角 δ_1 を右にふるとともに，B.C. 点から距離 l_1 を測ってピンポールを設置する。図 17.7 のように，偏角 δ_1 を 0°46′54″，偏角 $\delta_1+\delta$ を 4°52′30″ のようにセオドライトをふる。

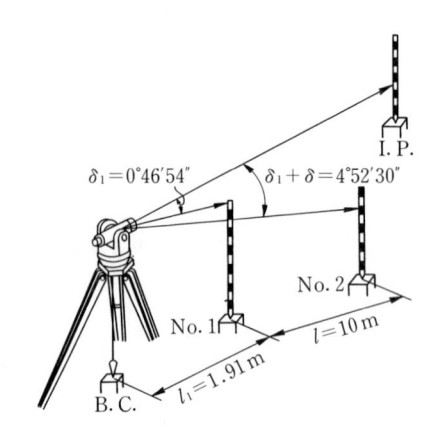

図 17.7　偏角のふり方

（9）　次に，角度 $\delta_1+\delta$ をふり，前のピンポールより距離 $l=10\,\mathrm{m}$ を測ってピンポールを設置する。以下順次，同様に行い中心杭を設置する。

（10）　地形の変化する点や構造物のある点にはプラス杭を設置する。また，No.3＋(班番号)×0.5 m にプラス杭を設置し，例えば「No.3＋1.5」と記す。

（11）　最後に，偏角 $\delta_1+\delta+\cdots+\delta_2$ の視準線と終短弦 l_2 の距離を測った交点は E.C. 点と合致するはずだが，弧長と弦長の関係および測定誤差によって多少の誤差が生じる。その誤差（E.C. からの距離と角度）を測定する。また，確認のため，B.C. 点にあるセオドライトで I.P. 点から E.C. 点まで測角し，それは $I/2$ になるかどうかをチェックする。1 分くらいまでの誤差は許容する。それ以外は再測する。

（12）　No.0 の付近に仮 B.M. を設置する。

レポート

（1）　E.C. 点での誤差（距離と角度）はどのくらいかを示し，この誤差の発生原因を考察せよ。

（2）　∠(I.P.)(B.C.)(E.C.) の角度が $I/2$ かどうかについて記せ。

演習

（1）　単心曲線において交角 $I=80°$，半径 $R=200\,\mathrm{m}$，交点 I.P. の累加距離＝242.47 m であるとき，始短弦および終短弦の偏角を求めよ。No. 杭間隔は 20 m である。

（2） 図 17.1 において，交角 $I=50°24'00''$，曲線半径 $R=100\,\mathrm{m}$ の単心曲線を中央縦距による測設法で設置する場合，M_1，M_2，M_3 の値を求めよ。

（3） **図 17.8** のように交点 V が海中に入っている場合，$\alpha=142°42'$，$\beta=125°48'$，$A'B'=55.42\,\mathrm{m}$ であった。点 A' までの累加距離が $248.24\,\mathrm{m}$ のとき，点 A(B.C.)，点 B(E.C.) の累加距離を求めよ。ただし，曲線半径 R は $100\,\mathrm{m}$，No. 杭間隔は $20\,\mathrm{m}$ とする。

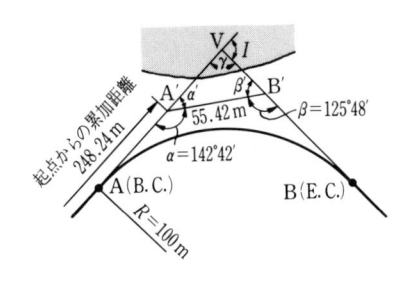

図 17.8 交点 V が見通せない場合の測設法

【実習 18】 縦横断測量

目 的
縦横断測量の方法を理解する。

知 識

（1） 縦断測量は，一測線上の諸点の標高を求め，その断面形を決定するものである。その測量では，路線の中心杭を設置したのち，路線の進行方向（縦断方向）に向かって水準測量を行い，路線上にある工作物の位置はプラス杭を打ち，それも測っておく。

（2） 横断測量は，前述の縦断測量の測線に直角な方向における標高を求めて断面形を決定するもので，測線に対する直角方向は直角儀やコンパスなどが用いられるが，一般には目測で十分である。測量はレベルによるが，縦断測量ほど高い精度は要求されないので，小起状の場合は図 18.1 のようにポールや標尺，巻尺などで測定してもよい。

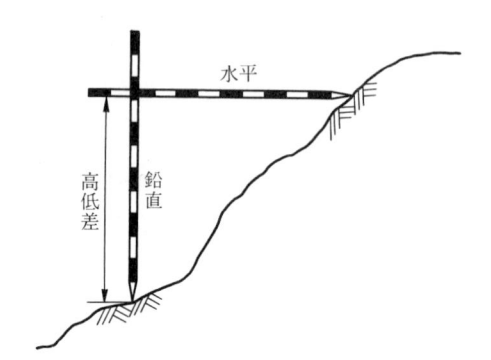

図 18.1　ポールの使用例

（3） 測量の方法は，縦断測量では近くの B.M. から起点 No.0 に直接，標高を移すか，No.0 の近くに仮 B.M. を移し，それを控えとして No.0 以降の測量に使用する。また，B.C., I.P., E.C. など重要な杭は工事中に埋設・破損することが多いので，控え杭（引照点の一種，（【実習 20】参照））を工事の障害にならないところに設置し，その周囲を保護しておく。砂利道の中心点では，よく目立つ色のテープを巻きつけた測量鋲を路面に打ち込んで用いられる。中心点杭が地盤と同一であればそのまま読み取ってよいが，そうでない場合は中心点杭上と杭周囲の平均的な地盤に標尺を立てて測定する。横断測量では，道路では進行方向に向かって左右に分けて行うが，河川では水の流れていく方向の左を左岸，右を右岸として行う。平面図の No.杭上で中心線に直角に左右約 10 m ずつ引いた線上で地盤の変化する点に標尺を当てて横断を求める。なお，縦断・横断を同時に測量する方法もある。

実習18 縦横断測量

実　習

〔使用器具〕　レベル一式，標尺2本，標尺台1個，ポール1本，巻尺2個，製図用具一式

〔実習手順〕

(1)　縦断測量

① B.M.から仮B.M.とNo.0まで水準測量を行い，仮B.M.とNo.0の標高を求め，次にNo.10まで縦断測量を行う。そのとき，地盤と高さが同一の杭の場合はその杭，異なる場合は杭上と周囲の平均的な地盤高を測定する。これは，地盤高を知ることが目的だが，その後の用地測量には中心点の杭が基準となるからである。図18.2に縦断測量の方法，表18.1にその野帳の記入例を示す。

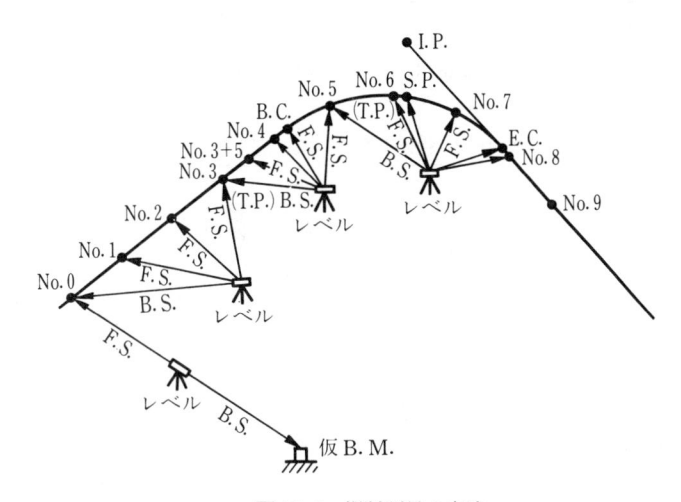

図18.2　縦断測量の方法

表18.1　縦断測量の野帳の記入例

測　点	累加距離〔m〕	後視 B.S.	前視 F.S.		器械高 I.H.〔m〕	地盤高 G.H.〔m〕	調整量〔m〕	調整地盤高〔m〕
			もりかえ点	中間点				
No.0	0.00	1.56			61.56	60.00		
1	20.00			1.32		60.24		
2	40.00			1.83		59.73		
3 (T.P.)	60.00	1.60	1.12		62.04	60.44		
3+5 m	65.00			0.89		61.15		

② 必ず往復測量し，往復差が$20\sqrt{L}$〔mm〕内であれば往復の測定地盤高の平均値をその地盤高とする。ただし，Lは路線長〔km〕である。

(2)　横断測量

① 横断測量では，左・右側標尺手を決め，中心点にポールマンを配置する。左・右標尺手はポールマンに巻尺の零点を持たせ，中心線に直角方向の変化点を標尺で押さえる

VIII. 路線測量

とともに，その点のポールからの距離を読み，記帳手に知らせる。そのとき，標尺手が，例えば「右4.3m」と読んだら標尺を鉛直に立て，レベルマンはその標尺を視準し，「1.73m」と大きい声で記帳手に知らせる。横断測量の方法を**図18.3**に，野帳の記入例を**表18.2**に示す。

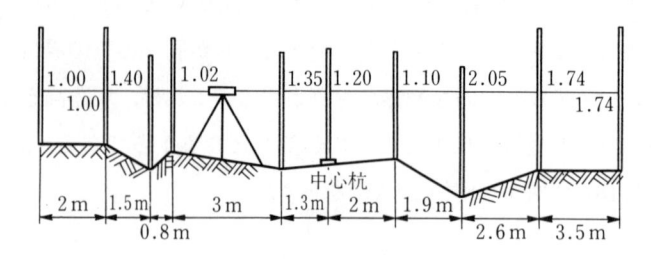

図 18.3　横断測量の方法

表 18.2　横断測量の野帳の記入例

	左			測点	右				
標尺の読み	1.02	1.35	1.20	No.0 (起点)	1.20	1.10	2.05	1.74	1.74
中心杭からの距離	4.3	1.30	0		0	2.0	3.9	6.5	10.00
地盤高	60.18	59.85		60.00		60.10	59.15	59.46	59.10

② 記帳手はその数値を復唱しながら野帳に記入する。計算手は記帳手のそばにいて，その都度，地盤高を計算する。左右とも5～6m程度まで横断をとる。

> レポート

縦横断測量結果（各杭等の地盤高，横断方向の地盤高）のまとめ（【データシート25】と【データシート26】も添付），縦断測量の往復差について提出せよ。

【実習 19】 製図・土量等の計算

目的
路線測量における縦横断面図の製図と切盛土量，用地幅等の計算ができる。

知識

（1）縦断面図の作成（図 19.1）　地盤の変化をわかりやすくするために，縦断面図において横縮尺は地形図縮尺にだいたい合わせるが，縦縮尺は横の 5〜10 倍と大きく表す。例えば，縦方向 1/100，横方向 1/1,000 のようにする。計画線の勾配が決まると，累加距離を用いて比例増減させて，各ナンバー杭上の計画高が求まる。縦断面図に必要な用語の説明は

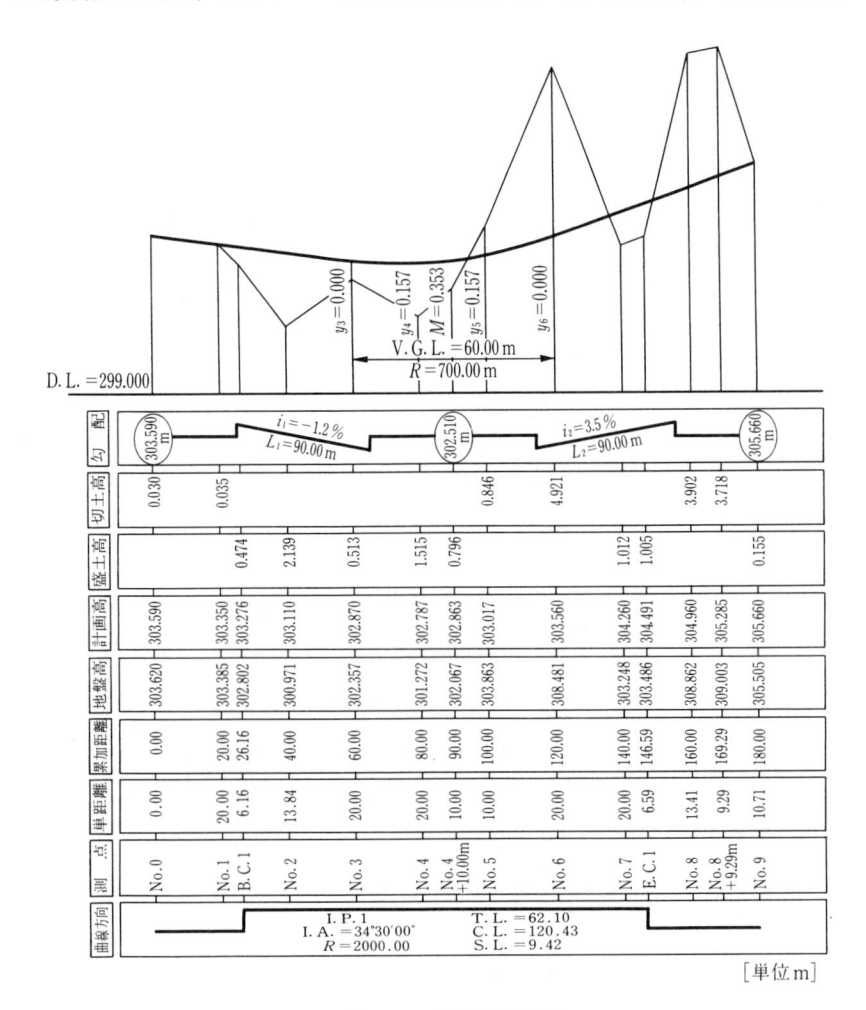

図中注記：$y_3=0.000$, $y_4=0.157$, $M=0.353$, $y_5=0.157$, $y_6=0.000$, V.G.L.$=60.00$ m, $R=700.00$ m, D.L.$=299.000$

測点	No.0	No.1 B.C.1	No.2	No.3	No.4	No.4 +10.00m	No.5	No.6	No.7 E.C.1	No.8	No.8 +9.29m	No.9
単距離	0.00	20.00	6.16	13.84	20.00	10.00	10.00	20.00	20.00	6.59	13.41	9.29	10.71
累加距離	0.00	20.00	26.16	40.00	60.00	80.00	90.00	100.00	120.00	140.00	146.59	160.00	169.29	180.00
地盤高	303.620	303.385	302.802	300.971	302.357	301.272	302.067	303.863	308.481	303.248	303.486	308.862	309.003	305.505
計画高	303.590	303.350	303.276	303.110	302.870	302.787	302.863	303.017	303.560	304.260	304.491	304.960	305.285	305.660
盛土高			0.474	2.139	0.513	1.515	0.796			1.012	1.005			0.155
切土高	0.030	0.035						0.846	4.921			3.902	3.718	
勾配	303.590 m	$i_1=-1.2\%$　$L_1=90.00$ m	302.510 m	$i_2=3.5\%$　$L_2=90.00$ m	305.660 m

曲線方向：I.P.1　I.A.$=34°30'00''$　$R=2000.00$　T.L.$=62.10$　C.L.$=120.43$　S.L.$=9.42$

［単位 m］

図 19.1 道路縦断面図[7]

VIII. 路線測量

表 19.1 用語の説明

勾 配	道路構造令などを参照し，制限勾配内で%表示
切土高	(地盤高)−(計画高)
盛土高	(計画高)−(地盤高)
計画高	施工基面によって，各点の高さを算出
地盤高	実測値
累加距離	起点からの累加距離
距 離	中心杭間の距離，+杭箇所は中心杭〜+杭間の距離
測 点	各測点ナンバーか符号
曲 線	曲線の方向および曲線要素を記入（右図参照）

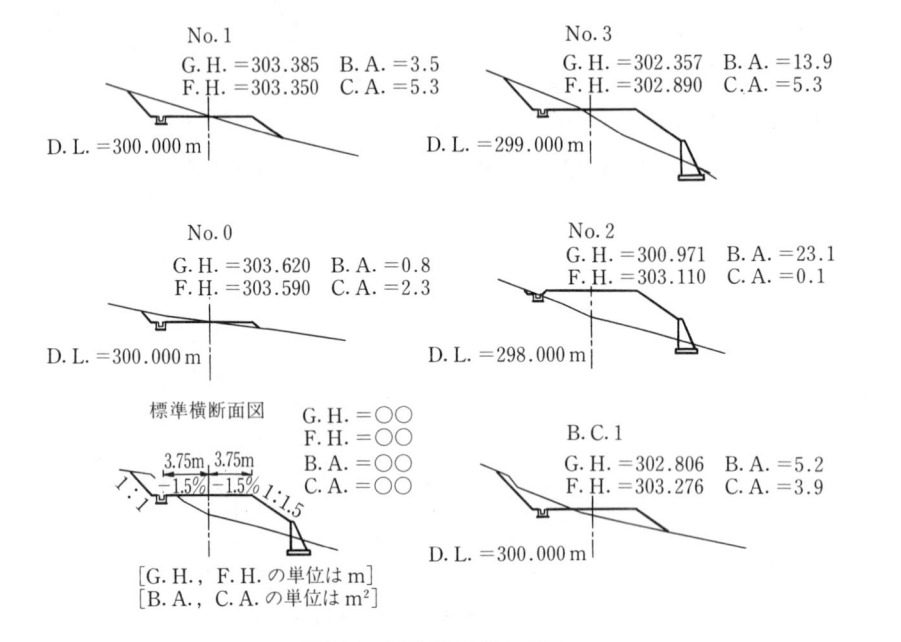

参照図

$I=$ T.L.=
$R=$ C.L.=
IP_1 IP_2
$I=$ T.L.=
$R=$ C.L.=

No.1
G.H.=303.385　B.A.=3.5
F.H.=303.350　C.A.=5.3
D.L.=300.000 m

No.3
G.H.=302.357　B.A.=13.9
F.H.=302.890　C.A.=5.3
D.L.=299.000 m

No.0
G.H.=303.620　B.A.=0.8
F.H.=303.590　C.A.=2.3
D.L.=300.000 m

No.2
G.H.=300.971　B.A.=23.1
F.H.=303.110　C.A.=0.1
D.L.=298.000 m

標準横断面図
3.75m　3.75m
−1.5%　−1.5%
1:1　1:1.5

G.H.=○○
F.H.=○○
B.A.=○○
C.A.=○○

B.C.1
G.H.=302.806　B.A.=5.2
F.H.=303.276　C.A.=3.9
D.L.=300.000 m

[G.H., F.H.の単位はm]
[B.A., C.A.の単位はm²]

図 19.2 道路横断面図の例[7]

表 19.1 に示す。

（2）横断面図の作成（図 19.2）　横断面図には 1/100〜1/200 の縦・横同一縮尺で地盤の現状を描いたのち，道路標準断面，用地杭位置を入れ，これから土量計算，法面積，用地面積等が算出される。横断計画線を入れるとき，現地盤の勾配がほぼ等しいか，法面が長くなる場合には擁壁を適当なところに設ける。法面における勾配，法肩および法尻の関係を図 19.3 に示す。横断計画における各ナンバー杭の位置の道路幅員端から，盛土部では法尻，切土部では法肩までの水平距離が求まるので，この点を平面図に記入する。これらの点を，各ナンバー杭間の等高線の形状を考えながら結んでいく。計画横断面図ができれば，土量計算を行う。

（3）縦横断面図の例　図 19.4 に河川縦断面図，図 19.5 に道路と河川の横断面図の配置を示す。

実習19 製図・土量等の計算   83

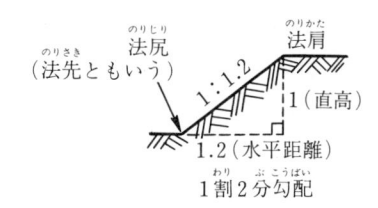

図19.3 法面における勾配，法肩および法尻

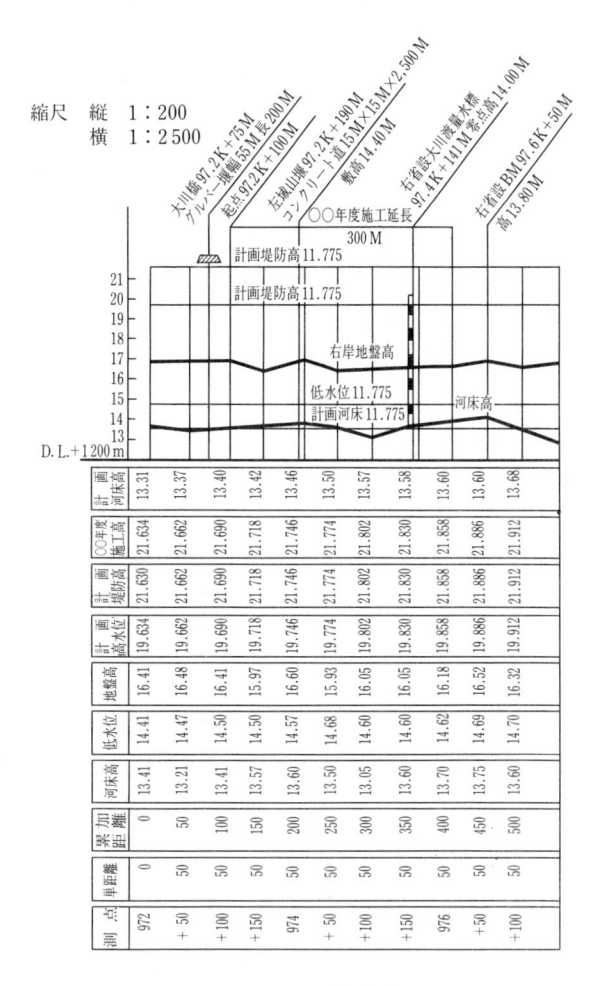

縮尺 縦 1：200
　　 横 1：2500

図19.4 河川縦断面図

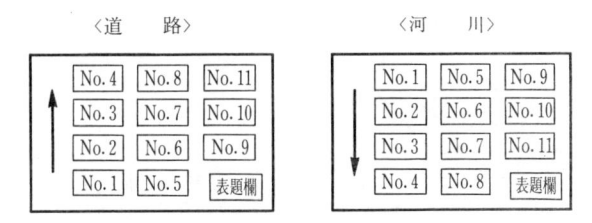

計画河床高	13.31	13.37	13.40	13.42	13.46	13.50	13.57	13.58	13.60	13.60	13.68
○○年度施工高	21.634	21.662	21.690	21.718	21.746	21.774	21.802	21.830	21.858	21.886	21.912
計画堤防高	21.630	21.662	21.690	21.718	21.746	21.774	21.802	21.830	21.858	21.886	21.912
計画高水位	19.634	19.662	19.690	19.718	19.746	19.774	19.802	19.830	19.858	19.886	19.912
地盤高	16.41	16.48	16.41	15.97	16.60	15.93	16.05	16.05	16.18	16.52	16.32
低水位	14.41	14.47	14.50	14.50	14.57	14.68	14.60	14.60	14.62	14.69	14.70
河床高	13.41	13.21	13.41	13.57	13.60	13.50	13.05	13.60	13.70	13.75	13.60
累加距離	0	50	100	150	200	250	300	350	400	450	500
単距離	0	50	50	50	50	50	50	50	50	50	50
測点	972	+50	+100	+150	974	+50	+100	+150	976	+50	+100

〈道　路〉

↑		
No.4	No.8	No.11
No.3	No.7	No.10
No.2	No.6	No.9
No.1	No.5	表題欄

〈河　川〉

↓		
No.1	No.5	No.9
No.2	No.6	No.10
No.3	No.7	No.11
No.4	No.8	表題欄

図19.5 横断面図の配置（道路と河川で異なる）

Ⅷ. 路線測量

（4）用地幅の余裕幅は平地で0.5m，山地で1m程度をとる。工費の中では土工費のほかに用地費の割合が多く，用地面積は，横断面図に示された用地杭から，用地幅を求めて算定される。用地幅は，図19.6(a)では

$$L = B/2 + Hr + a$$

（b）では

$$L_1 = B/2 + H_1 r_1 + a, \quad L_2 = B/2 + H_2 r_2 + a$$

で求めることができる。

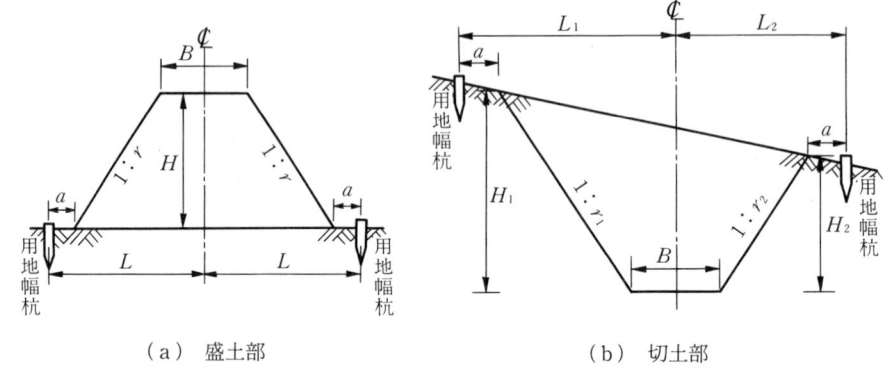

（a）盛土部　　　（b）切土部

図19.6　用　地　幅

実　習

〔使用器具〕　製図用具一式，電卓，A3判方眼紙3～5枚

〔実習手順〕

（1）A3判方眼紙に，図19.1を参考に，曲線，測点，単距離，累加距離，地盤高，計画高，勾配の項目を下から1.5cm間隔に入れる。No.0～No.10まで約100mがA3判に納まるように間隔を定め，その上方部に縦断方向の断面図を描く。【実習16】の曲線設計条件では縦断勾配が＋2％のため，計画高は累加距離に比例して増加する。

（2）横断面図もA3判方眼紙を用いる。標準断面図は**図19.7**とし，幅員4m，切土法勾配1：1，盛土法勾配1：1.5，余裕幅0.5mとする。横断面図の描き方は図19.2を参考にする。縮尺は1/100でよい。

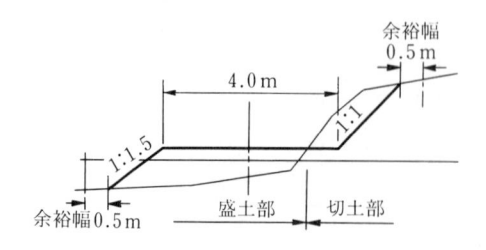

図19.7　本実習の標準断面図（1：100）

実習 19 製図・土量等の計算   85

（3） 切盛土量は，各点の横断面積（切土・盛土別）を求め，隣り合う2測点の平均断面積を求め，それに距離を乗じて2測点間の土量が求まる（【実習26】参照）。なお，各測点の横断面積は三斜法（【実習25】参照）で計算する。

（4） **表 19.2** の土量の計算例，**表 19.3** の法面積と用地幅の計算例を参考にして，これらを求めよ。なお，法面積は法面保護工として芝付け面積の計算に使用され，用地幅は買収用面積の算定に利用される。

表 19.2 土量の計算例

測点	距離 [m]	盛 土				切 土				備考
		断面積 [m²]	土量 [m³]	控除土量 [m³]	累積土量 [m³]	断面積 [m²]	土量 [m³]	控除土量 [m³]	累積土量 [m³]	
No.0	0	3.3								
1	20	1.9	52		52					
2	20	3.5	54		106					
3	20	0.6	41		147	0.0				
4	20	0.0	6		153	3.0	30		30	
5	20					2.8	58		88	
6	20					5.3	81		169	
7	20					5.0	103		272	
8	20	0.0				0.0	50		322	
9	20	8.2	82		241	0.0	0		322	
10	20	0.0	82		323	5.4	54		376	
11	20	8.0	80		403	0.0	54		430	
12	20	6.5	145		548					
13	20	8.5	150		698					
合計	—	—			—	—			—	

表 19.3 法面積と用地幅の計算

測点	距離 [m]	盛 土 法						切 土 法						用地幅		備考
		左 側			右 側			左 側			右 側					
		法面長 [m]	法面積 [m²]	控除量 [m²]	法面長 [m]	法面積 [m²]	控除量 [m²]	法面長 [m]	法面積 [m²]	控除量 [m²]	法面長 [m]	法面積 [m²]	控除量 [m²]	左側 [m]	右側 [m]	
No.0	0.0							0.5			6.0			2.3	3.6	
1	20.0							0.4	9		0.4	12		3.3	3.3	
2	20.0	0.0						0.6	10		0.6	13		3.3	3.8	
3	20.0	0.2	1					0.0	6		0.4	13		3.0	3.4	
合計	—	11.3	219		4.4	80		31.9	497	29	26.5	460	30	133.1		

レポート

縦横断面図，土量，法面積，用地幅の計算表を提出せよ。

演習

（1） 次の用語を説明せよ。

① 施工基面

② ナンバー杭

③ プラス杭

④ 引照杭

⑤ クロソイド

（2） 路線測量の縦断面図の縮尺は，次の①〜④のうちどれが適当か。

① 縦 1/200〜1/500　　横 1/2,000〜1/5,000

② 縦 1/100〜1/500　　横 1/1,000〜1/3,000

③ 縦 1/200〜1/1,000　横 1/1,000〜1/10,000

④ 縦 1/200〜1/600　　横 1/5,000〜1/10,000

（3） 図 19.8 における①と②の用地幅を求めよ。ただし，余裕幅 $a=1.0$ m とする。

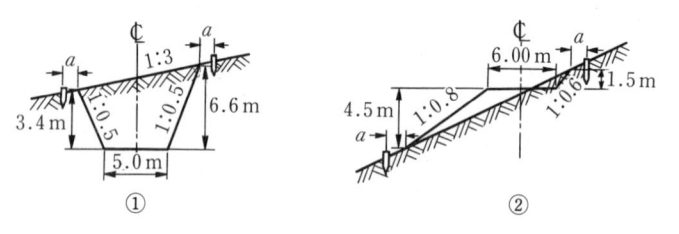

図 19.8　用　地　幅

IX. 工事測量

【実習20】 工事測量における丁張の設置方法

目的

工事測量における簡単な丁張（ちょうばり）・やり形（がた）の設置方法を理解する。

知識

（1） 土木工事をする際に，準備測量として，境界・測点杭など主要杭は，着工前に確認するとともに，照査測量を行って設計と一致する正しい位置に杭を打ち直す必要がある。また，保存できなかったり，踏み荒らされるおそれのある主要な中心杭には，工事中・工事完成後でも再設置できるように引照点（いんしょうてん）（控え杭）を設けるが，工事によって地形が変わった場合でも元の杭が容易にわかる場所を選定する。引照点の設置例を**図 20.1**に示す。

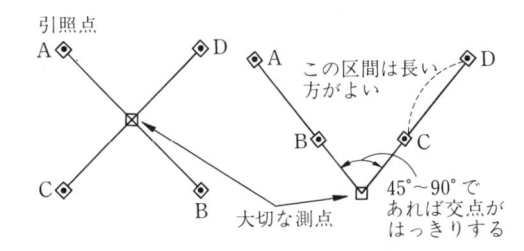

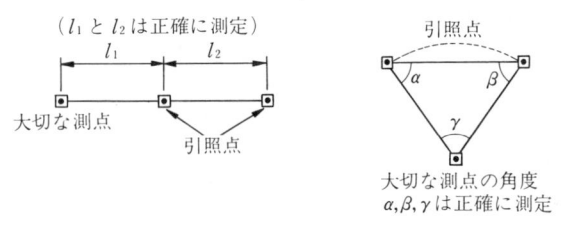

図 20.1　引照点の設置例

（2） 丁張とやり形は，**図 20.2**に示すように，盛土・切土などの計画に基づき，工事現場で建造物の位置や形状，高さ，勾配，方向などを示し，土木作業などの目安として杭とぬき（貫）で作り，10〜20mごとに設置するものである。丁張は法定規（勾配計・スラントルール）を用いて，丁張縄を張ったり，ぬきを打ちつけたりしたもので，盛土法面（のり）に使用される。やり形はぬきと法杭で作り，主に切土法面に使用される。トンボは，切土高・盛土

88   IX. 工事測量

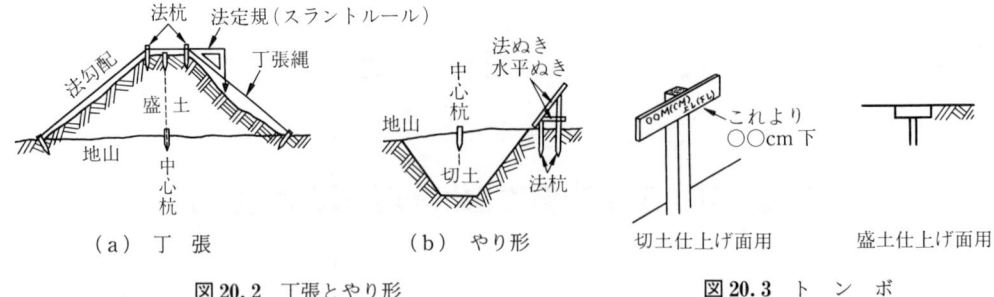

図20.2 丁張とやり形　(a) 丁張　(b) やり形

図20.3 トンボ　切土仕上げ面用　盛土仕上げ面用

高・掘削高を表示するために現場に立てるT字形の目印である（**図20.3**）。丁張とやり形は，実際にはあまり使い分けされていないので，以降の用語は丁張に統一して用いる。丁張のぬきには幅があるので，どちらの辺が基準面を示すかを△印を付けて高さを記す。

（3）勾配は丁張をかけるときの基礎になるもので，直高が1，水平距離が1.2の法勾配は1:1.2と表示し，1割2分勾配ともいう。勾配の表現には**表20.1**に示すような種類がある。

表20.1　勾配の種類

表現	説明	適用
法　勾　配	1:0.8　1　0.8　直高1に対する水平距離の割合で，1:1.0のように書き，これを1割勾配という。1:0.8は8分勾配	切盛面，擁壁などの標示
パーセント勾配（百分率）	3％（パーセント）　3m　100m　水平距離100mに対する高さの比	道路の縦断勾配，横断勾配の標示
パーミリ勾配（千分率）	3‰（パーミリ）　3m　1,000m　水平距離1,000mに対する高さの比	鉄道，下水道などの勾配の標示
分類表示	$\frac{1}{200}$　1m　200m　高さ1mに対する水平距離の比	河川の縦断勾配の標示など

実　習

〔使用器具〕　オートレベル一式，標尺台2個，ポール1本，巻尺2個，スラントルール1個，金づち1本，くぎ20本，水糸1巻，杭（長短）6本，ぬき6本，のこぎり1丁，黒マジック1本

実習 20 工事測量における丁張の設置方法　89

〔実習手順〕
(1) 各種丁張の設置方法を学ぶ。
① 盛土部の法尻・法肩の丁張[8]　図 20.4 は盛土部の横断面図と丁張であり，法尻の丁張を図 20.5 に，法肩の丁張を図 20.6 に示す。図 20.5 で，法尻計画線の外側に丁張杭を打ち，水平ぬき c をレベルで高さ 12.10 m となるように水平に打ちつける。この場合，杭を打つときの見通し方向は，見通し杭と中心杭を見通した線上とする。道路計画高 H と水平ぬき c の高さ H_1 に法勾配 n を乗ずると，法肩からぬきまでの水平距離は $n(H-H_1)$ となる。中心杭から

$$l = \frac{B}{2} + n(H-H_1) = \frac{11.10}{2} + 1.5(14.00-12.10) = 8.40 \text{ m}$$

を測り，水平ぬき c にくぎを打って目印を付ける。そのくぎからスラントルールで，1：1.5 になる法ぬき e を取り付け，その後，丁張に位置，勾配，高さなどを記す。図 20.6 で，引照点から中心杭 O' を復元し，その高さを求める。中心杭 O' から 11.10/2 よりやや内側か外側に杭 a，b，c を打ち，水平ぬき d を道路計画高 14.00 m となるように杭を固定する。中心杭 O' から 11.10/2 の距離で水平ぬきに印を付け，その点から法勾配 1：1.5 になるように法ぬき e を取り付け，その後，丁張に位置，勾配，高さなどを記す。スラントルールで 1：1.5 の法勾配をとるには，図 20.7 のようにする。

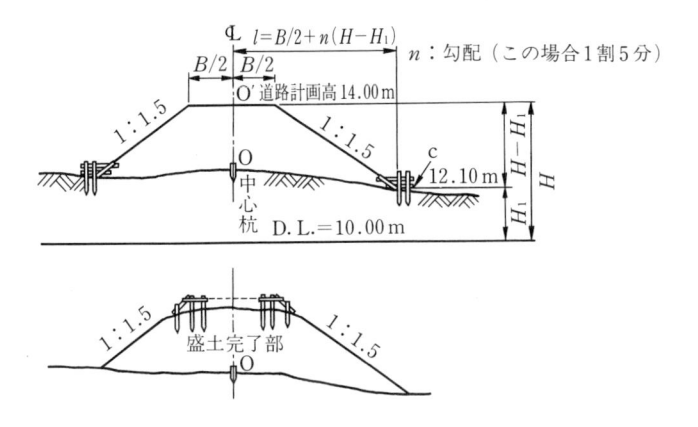

図 20.4　盛土部の横断面図と丁張[8]

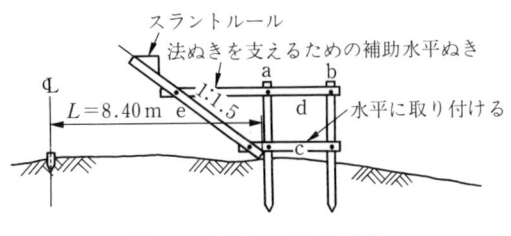

図 20.5　法尻における丁張[8] 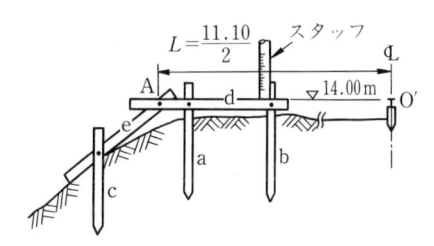　　　図 20.6　法肩における丁張[8]

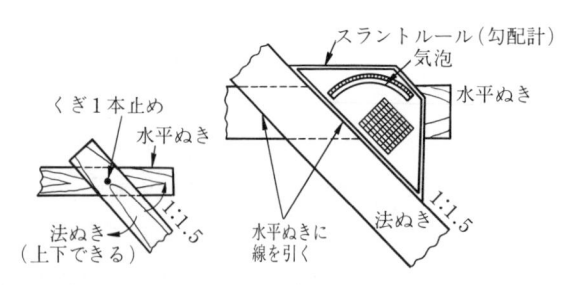

図 20.7 スラントルールによる法勾配のとり方[8]

② 切土部の丁張[5]　図 20.8 では，横断面図で中心杭から 2.5 m の距離に天端法尻杭 A を打つ。切土法肩に A からの距離を測り B とし，その外側に杭 1, 2 を打つ。この杭に水平ぬきを打ちつけ，その高さをレベルで測定する。法尻杭 A から勾配 1：1.0 との交点までの距離 AC が求まる。中心杭から 5.895 m の水平ぬき上にくぎ C を打つ。このくぎに法ぬきの上端を合わせ，勾配 1：1.0 とし，杭 1, 2 に固定する。

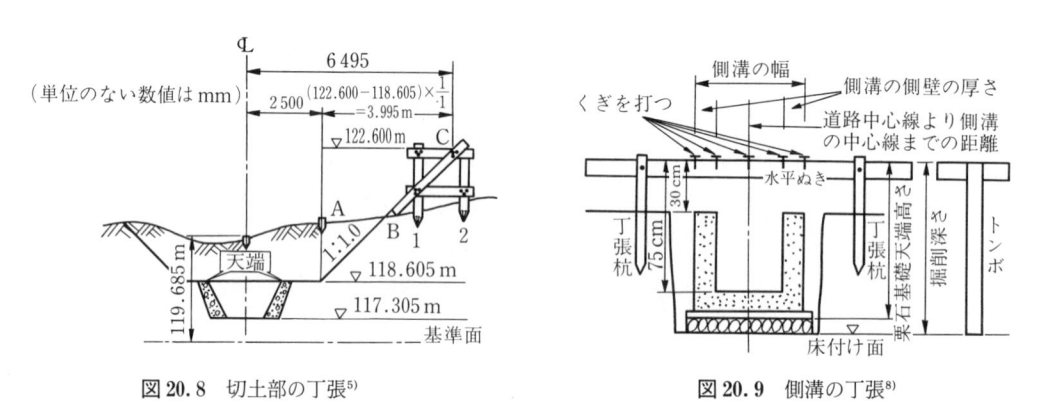

図 20.8　切土部の丁張[5]

図 20.9　側溝の丁張[8]

③ 側溝の丁張[8]　図 20.9 のように，丁張を設置し，水平ぬきに，コーナー柱天端 30 cm 下がりといった必要事項を記す。側壁厚などは，くぎを打って明示し，前後の丁張との間に水糸を張り，トンボを用いて，掘削深さを点検して，床付け高さを求める。

（2）丁張設置の実習　実習場所付近の斜面の法肩付近に仮 B.M.杭を打ち，この杭の天端標高を 70.000 m とする。この斜面の現状の法勾配（n）はポールを斜面に当て，その上にスラントルールを載せて測る。次に，法面の延長上に標高 70.500 m まで盛土する場合の丁張を上記の（1）①を参考にして設置し，丁張に必要事項を記す。

レポート

（1）実習（2）の横断面図を【データシート 27】に描き，諸量を図中に入れよ。

（2）実習（2）の丁張の設置作業手順を記せ。

X. 空間情報技術（GNSS/GPS・RS・GIS）を用いた測量

GNSS/GPS，RS，GIS による新しい測量

近年，測量の分野においても，新しい技術が急速に普及しつつあり，測量という用語の概念もより広範なものとなりつつある。新しい測量技術の中でも主要なものは，GNSS（Global Navigation Satellite System，汎地球測位航法衛星システム）/GPS，RS（Remote Sensing，リモートセンシング），GIS（Geographic Information System，地理情報システム）である。なお，巻末資料8(6)のとおり，GNSS は GPS を内包するより広範な概念の用語であるが，代表的 GNSS が GPS であること，および GPS のみに対応している（GRONASS に対応していない）受信機で実習を行う教育機関も多いと思われることから，本章では GPS 測量について学ぶこととする。

【実習21】 GPS 受信機を利用した簡単な距離測量

目 的

GPS の基礎知識を習得するとともに，単独測位が可能な GPS 受信機を用いて2点間の距離を測定する。

知 識

（1） GPS とは，"Global Positioning System（汎地球測位システム）"の略称で，米国によって打ち上げられた人工衛星（GPS 衛星）を利用して，地球上のどの地点においても高精度で，しかもリアルタイムにその位置測定を行うことができる画期的な電波測位システムである[1]。

（2） GPS 衛星は六つの軌道面にそれぞれ4個，計24個で構成され，軌道高度約20,000 km（地球の中心からは約27,000 km），周期は約11時間58分である（図21.1）。これによって，地球上どこの地点からでも常に4個の衛星を観測できる。

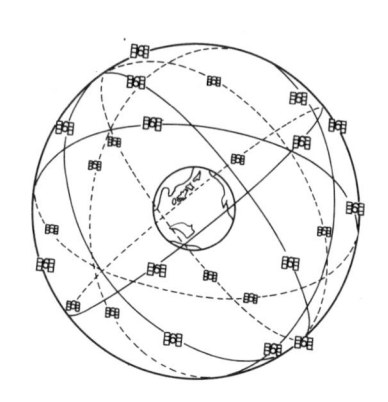

図 21.1　GPS 衛星の配置図

(3) GPSによる位置決定システムは大きく分けて「電波を発信する24個の衛星」,「衛星を制御する地上局」,「ユーザーであるGPS受信機」の三つのサブシステムからなっている（図21.2）。

〈宇宙システム〉
24個の衛星と予備衛星から構成され,衛星からは常時電波が送信されている

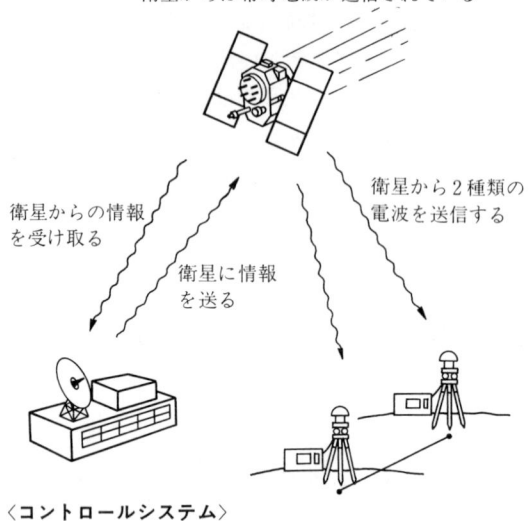

衛星からの情報を受け取る
衛星に情報を送る
衛星から2種類の電波を送信する

〈コントロールシステム〉
地上から衛星を監視しながら,衛星の軌道データや時刻を送る

〈ユーザーシステム〉
衛星から送られてくる電波を受信してユーザーが求める位置,または2点間のベクトルを計算する

図21.2　GPSを構成する三つのシステム[9]

(4) GPSの電波は,世界の国々に無料で開放されている。したがって,一般利用者はGPS受信機さえあれば,受信データをパソコンの専用ソフトで解析することによって,自分の位置や2点間の距離・方位などを知ることができる。

(5) GPSには,次のような測位方法がある。

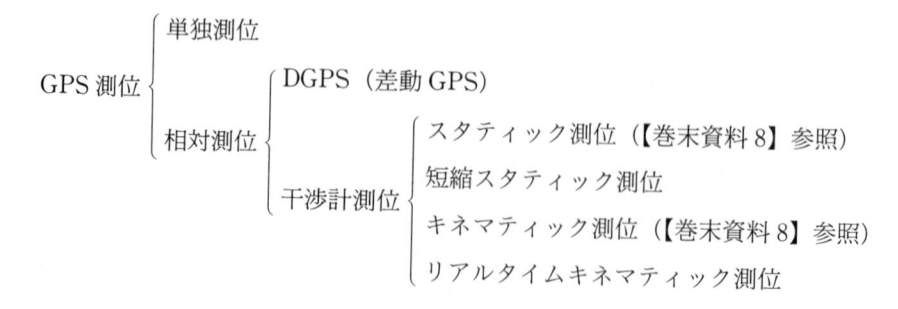

GPS測位
　単独測位
　相対測位
　　DGPS（差動GPS）
　　干渉計測位
　　　スタティック測位（【巻末資料8】参照）
　　　短縮スタティック測位
　　　キネマティック測位（【巻末資料8】参照）
　　　リアルタイムキネマティック測位

(6) 単独測位と干渉計測位の特徴（表21.1）

表 21.1 単独測位と干渉計測位の特徴

	単独測位	干渉計測位
使用受信機台数	1台	2台以上
測位の原理	衛星から受信機までの電波の伝播時間を利用して，ユーザーの位置を決定	衛星から2点間に到達する電波の位相差を利用して，2点間のベクトルを計算
即 時 性	その場で受信点の位置がすぐ決められる	未知点の位置を決めるのは後処理(基線解析計算)の後
精　　度	数十～百メートル程度	数ミリメートル～数センチメートル程度
適　　用	自動車・航空機・船舶等のナビゲーションシステムに利用	精密にベクトルを測定することができるため測地測量・地殻変動調査などに利用
受信機の価格	安価	高価(一般に数百万円以上)。そのほかに基線解析計算用のコンピュータとソフトウェアが必要

（7） DGPS は differential GPS の略で差動 GPS と訳される。測定精度は数センチメートル～数メートルであり，リアルタイムに位置を測定できる（【巻末資料8】参照）。

（8） 単独測位や DGPS は干渉計測位ほど高精度に位置を測定できないため，一般に「GPS 測量」といった場合は干渉計測位による技術のことを指す。

（9） GPS 測位の応用例としては，①地殻変動・地震予知，②三角点の位置決定，③船舶・自動車・航空機などのナビゲーション（navigation）等への応用，④土工量の算定，⑤中心杭，境界杭などの位置決定，⑥ヨット・登山等での自分の位置の確認などがある。

実 習

〔使用器具〕 単独測位が可能な GPS 受信機（または DGPS 受信機）各班1台，2点間の距離がわかる平面図

〔実習手順〕

（1） 図面上に始点と終点の2点を選定し，その2点間の図面上の距離を求める。

（2） 始点に GPS 受信機を設置する。受信機の詳しい取扱いは，添付されているマニュアルに従うこと。

（3） バッテリーを確認した後，GPS 受信機のスイッチを入れて，衛星を受信できる状態にする。

（4） 緯度・経度を測定し，野帳に記録する（**表 21.2**）。受信時間は5～10分間とし，その間緯度・経度に変化があった場合は，それらのデータも記録する。

（5） 終点に GPS 受信機を移動させ，設置する。

（6） （3）と同様の操作を行う。

（7） （4）と同様の測定を行う。

（8） ナビゲーション機能のある受信機を用いた場合は，始点から終点までの距離・相対

表 21.2 GPS 野帳記入例

GPS による位置測量			年　月　日　　天気：晴	
班：7班　　測定者：加藤，園部，五十嵐，山田　　記帳者：五十嵐					
受信機種：					
測　点	測定時刻	緯　度 〔°　′　″〕	経　度 〔°　′　″〕	高　度 〔m〕
No.2（始点）	10：35：32	N 40 37 27.7	E 141 14 19.6	86
	10：40：43	N 40 37 29.0	E 141 14 25.5	97
No.19（終点）	10：55：15	N 40 37 06.2	E 141 14 26.0	32
	11：00：59	N 40 37 07.2	E 141 14 25.6	26

始点～終点までの距離＊：0.6 km　　　相対高度＊：−33 m

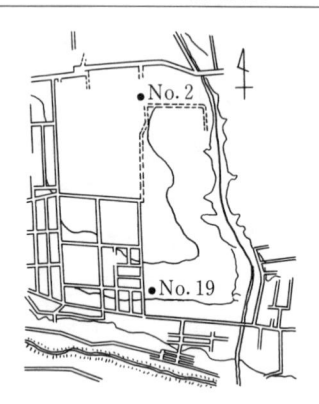

概略図　　　　　　　　　　　　　　　　　　　　図面上の距離：580 m

（＊ナビゲーション機能のある場合に測定）

高度・絶対高度などを測定し，記録しておく。

（9）　図面上の距離と GPS による測定距離とを比較する。

レポート

（1）　GPS データを整理せよ（【データシート 28】）。

（2）　始点と終点の緯度・経度から 2 点間の距離を計算し（【巻末資料 8】参照），この距離と図面上の距離および GPS で測定した距離の三つを比較せよ。ただし，地球は球体（半径 6,370 km）であると仮定する。

演　習

（1）　WGS-84 座標系について述べよ（【巻末資料 8】参照）。

（2）　スタティック測量とキネマティック測量について述べよ。

（3）　GPS 測量の誤差にはどのようなものが予想されるか述べよ。

【実習22】 キネマティック測位

目 的

キネマティック測位（GPS）の実践を通して，一連の方法を修得するとともに，干渉法測位の理解を深める。

実 習

大学構内等の適当な場所に複数の測点を設け，キネマティック測位により測点の3次元座標を測位する（口絵「衛星からの電波を受けながら地上の測量を行う」，【実習21】知識，【巻末資料8】「GPS測量に関する知識」参照）。

〔使用器具〕 GPSシステム×2セット（三脚，アンテナ，受信機，コントローラ，ケーブル，バッテリー，アンテナ高測定用ロッド，取扱い説明書等），温度計，湿度計，気圧計，筆記用具

〔準 備〕

（1） バッテリーの充電と器機の動作確認

（2） 測点の確認と造標　実習で測位する測点を決め，あらかじめ造標しておく。測点は数点程度とする。トラバース測量の実習等で用いた測点があればそれを用いてもよい。電波受信の障害となる物の近く（建物の近く，電線の近く，樹木の下等）はなるべく避ける。

（3） 解析用プログラムのインストール　後処理に備えて，システムに付属の解析用プログラムをコンピュータにインストールし，動作確認しておく。

〔実習手順〕

（1） 測点の踏査と測位計画の策定　測点を踏査し，どの測点を固定局設置点とするかを決める。残りの測点に順次移動局を設置していくこととなるので，移動局の設置順を決め，メモしておく。測点の名称は，固定局設置点を"KOTEI"，移動局は設置順に"IDOU-1, IDOU-2, …, IDOU-N"とする。

（2） 器機の準備　受信機とコントローラにバッテリーを取り付ける。外部メモリ式の受信機の場合は，外部メモリを取り付ける。三脚にアンテナ・受信機・コントローラを取り付ける。アンテナと受信機，コントローラと受信機を専用ケーブルで接続する。

（3） すえつけ　二式の内，一式は固定局として，固定局用の測点にすえつける。すえつけの方法はセオドライト（トランシット）の場合と同一である（【巻末資料6】「セオドライトのすえつけ方法」参照）。トランシットのすえつけ同様，致心，整準を正確に行う。すえつけが完了したら，アンテナ高を計測する。アンテナ高の測定位置（アンテナのどの部分の高さを測るのか）とアンテナ定数は取扱い説明書等で確認する。アンテナ高の測定には専

用の測定ロッドを用いるのが望ましい。

残る一式は，移動局として，最初の移動局設置用測点（IDOU-1）にすえつける。アンテナ高の計測を忘れないこと。

（4）　観測モードの設定と観測パラメータの入力　　受信機とコントローラの電源を入れる。以降は取扱い説明書に沿って操作する。観測モードとしてキネマティックを選択する。固定局／移動局の別を正しく選択する（これを正確に行わないと後で解析できない）。温度，湿度，気圧を入力する。測点名，アンテナ高を入力する。

（5）　初期化　　初期化を開始する（両局同時に受信を開始する）。所要時間は設定によるが，一般的には数分程度である。

（6）　移動開始　　初期化終了後，移動局で順次測点を測位していく。アンテナ高の計測と入力は毎回必要となるので忘れないこと。所要時間は設定によるが，一般的には1分程度である。

固定局側はすべての測点の測位が終了するまでなにも操作しない。

（7）　観測終了手続き　　すべての測点の測位が終わったら，コントローラを操作して終了手続きを行う。操作方法は取扱い説明書を参照する。

時間に余裕がある場合は，器機をすえつけたままで，引き続き，高速（短縮）スタティック測位（所要時間20分程度）やスタティック測位（所要時間1時間程度）等の他の測位方法の実習を行うことも可能である。

（8）　片づけ　　電源が切れていることを確認してから，バッテリーを取り出す。外部メモリ式のものはメモリを取り出す。機器類はねじ等を初期の状態に戻し，ケースの所定の位置に正しい向きで収める。

（9）　後処理（解析）　　付属の解析プログラムにより，解析を行い，測点の3次元座標値や関連情報を得る。

〔注意事項〕　キネマティック測位においては，測位中はもちろんのこと，移動中も含めて，常時4個以上（設定によっては5個以上）の衛星からの電波を受信し続ける必要がある。移動局の移動中に電波の受信を途絶えさせないよう，移動コースに十分注意すること。また，人体も電波を遮断してしまうので，アンテナ上空に顔や手を近づけることのないよう注意すること。

万が一，途中で受信が途絶えてしまった場合は，コントローラにエラーメッセージが表示される。この場合，その側点（移動中に途切れた場合は次の測点）で改めて初期化を行い，残りの測点の測位を継続する。

レポート

後処理（解析）結果をもとに【データシート29】を作成して提出する。

【実習23】 衛星画像を用いた植生指標の算出と土地利用分類

目　的

リモートセンシングにおける代表的解析手法である植生指標の算出と教師付き分類の実践を通して，リモートセンシングについて理解を深める。

知　識

口絵「宇宙から地球を見守るリモートセンシング」参照。

（1）　リモートセンシング　　リモートセンシング（remote sensing, RS）とは，**図23.1**のように主として人工衛星に搭載したセンサによって，地球表面から反射あるいは放射される電磁波を観測することにより，地球表面の状態を解析する技術であり，地球全域を同一の規準で周期的に観測できる点が大きな特長である。

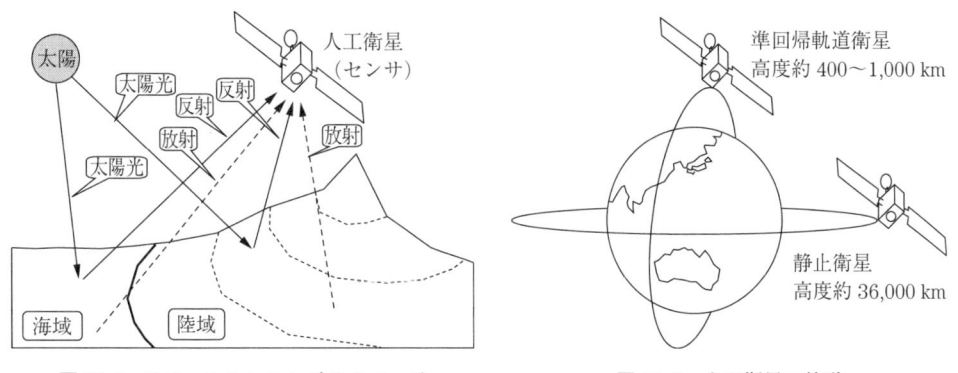

図23.1　リモートセンシングのイメージ　　　　　図23.2　人工衛星の軌道

（2）　人工衛星　　リモートセンシングで用いられる人工衛星は，**図23.2**のように静止衛星と準回帰軌道衛星に分けられる。静止衛星は気象衛星"ひまわり"でおなじみであるが，赤道上空の静止軌道（高度約36,000 km）を地球の自転速度に合わせて周回する。リモートセンシングで用いられる衛星のほとんどは準回帰軌道衛星であり，高度400〜1,000 km程度の極軌道上を，1周100分程度の高速で周回している。アメリカのLandsat（ランドサット）やフランスのSPOT（スポット）が著名である。近年ではIKONOS（イコノス）やQuickBird（クイックバード）等の高分解能商業衛星も普及してきた。衛星ごとに回帰周期（衛星がある地点の上空に再び戻ってくるまでに要する日数であり，地球全域を観測するのに要する日数に相当する）が決まっている。例えば，Landsatは16日，SPOTは26日，NOAA（ノア）は半日（衛星2基で運用されているので，同一地点を1日4回観測可能）である。

（3） センサ　センサは能動型（自ら電磁波を照射し，その反射を観測する）と受動型（自ら電磁波を照射することはなく，太陽光の反射や物質が放射する電磁波を観測する）に分けられる。受動型の場合は，上空に雲があると電磁波が遮られてしまい，地上の観測はできない。観測された情報（ある波長領域の電磁波の強さ）は，ディジタルカメラ同様，画素（ピクセル）単位で記録される（**図 23.3**）。センサごとに観測（記録）する波長帯域（バンド）と空間分解能（1 画素が地上の何 m 四方に相当するか）が決まっている。（例えば Landsat/TM は 30 m，QuickBird は 0.61 m（衛星直下），NOAA/AVHRR は 1.1 km である）。

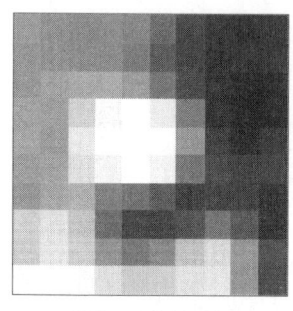

拡大した衛星画像　　左の画像の画素値（DN 値）　　**図 23.3**　画素（ピクセル）

（4） 地物の判読と分光特性　ある物体から反射あるいは放射される電磁波の強度は波長により異なる。どの波長の電磁波をどの程度の割合で反射あるいは放射するかは，物体ごとに決まっており，これを（反射）分光特性という（**図 23.4**）。リモートセンシングではこの（反射）分光特性を利用して，地物の判読を行う。

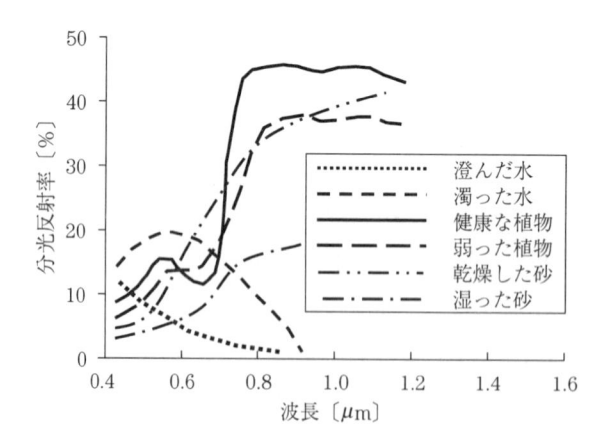

図 23.4　反射分光特性

（5） 分　類　リモートセンシングにおける分類とは，衛星画像の画素の値（DN 値）に応じて全画素をいくつかの類型に区分することである。分類の方法は教師付き分類（supervised classification）と教師なし分類（unsupervised classification）に分けられ，共に統計学的方法が用いられる。

① 教師付き分類　　多変量解析の回帰分析に相当する。主な手順は以下のとおりである。

1) 類型（クラス）の定義：土地利用分類の場合であれば，宅地，農地，森林，水面等。

2) 教師データ（training data）の作成：教師付き分類を行うためには，システムに対して，あらかじめいくつかの画素についての正解（正しい類型）を与えておく必要がある。これをトレーニングデータという。システムではトレーニングデータに基づき分類のためのパラメータが決定される。ソフトウエア上での操作としては，ディスプレイに衛星画像を表示して，マウスでトレーニングエリアをトレースし，キーボードから類型を入力する形式のものが多い。

3) 分類の実行：教師データから得られたパラメータに基づき，全ピクセルがあらかじめ定義しておいた類型のいずれかに分類される。

② 教師なし分類　　多変量解析のクラスタ分析に相当する。各画素を値が似たもの同士のいくつかのグループ（クラスタ）に分類する。各グループがどのような類型に相当するのかについては分析者が事後的に判断しなければならない。

（6）正規化植生指標　　リモートセンシングは植生の量や活性を観測する目的でよく用いられる。植生の量や活性を表す指標として，植生指標が用いられている。植生指標としては多くのものが提案されているが，最もよく用いられるのは正規化植生指標（normalized difference vegetation index, NDVI）である。ある画素のNDVI値はNDVI＝(NIR－RED)/(NIR＋RED)で表される。ここでNIRは近赤外領域の画素値（DN値），REDは可視域の赤色領域の画素値（DN値）である。これは健康な葉は赤色の波長域を強く吸収し，近赤外の波長域を強く反射する特性を利用したものである（**図23.5**）。式から自明なよ

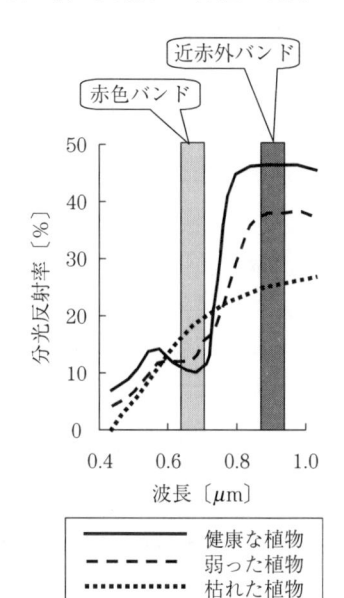

図23.5 植物の活性と反射分光特性

うに NDVI 値は－1～1 の値をとるが，通常はディスプレイに表示するために 0～255 の値に線形変換する。

実　習

〔使用器具〕

ソフトウェア：「WinASEAN 5.0 Edu（フリーウェア）」，「Microsoft PowerPoint（レポート作成用）」

マニュアル：WinASEAN 5.0 Edu の Help を使用

デ ー タ：Landsat/TM，SPOT/HRV，Terra/ASTER 等の光学系センサの 8 bit 衛星画像

パ ソ コ ン：OS が Windows 95，98，NT，2000，XP のいずれかであるパソコン

　WinASEAN は，宇宙開発事業団（NASDA（現 JAXA））と（財）リモート・センシング技術センター（RESTEC）の協力のもと，ベトナムの Dr. Nguyen Dinh Duong 氏によって開発されたソフトウェアであり，Web サイト http://www.geoinfo.com.vn/Products.asp？lang＝en[†] からダウンロード可能である。Educational パッケージ（無料）と Professional パッケージ（有料）がある。本実習では無料の Educational パッケージを使用する。マニュアル等の詳しい情報は WinASEAN の Help メニューの中にある。なお，コロナ社 Web サイト（http://www.coronasha.co.jp）の本書に関するページに画像付きのより具体的な説明を掲載している。

〔準　備〕　ここに記載されている内容は，授業時間に余裕がある場合は実習課題とすることも可能であるが，時間に余裕がない場合は，事前に教員のほうで行っておくとよい。

（1）　WinASEAN 5.0 Edu のインストール　　Web サイト http://www.geoinfo.com.vn/UserFiles/File/Setup.exe より，WinASEAN のインストールファイル Setup.exe をダウンロード。Setup.exe をダブルクリックすると自動的にインストールが開始される。インストールが終了すると，Windows のプログラムメニューの中に ImaSOFT が追加される。その中の CARST 1.0 をクリックすると WinASEAN が起動する。Open → Open Work Space で，出現するダイアログ内で任意のファイル名を入力して「開く」をクリックすると，すべてのメニューが使用可能となる。これでソフトの準備は完了である。

（2）　衛星画像の準備

①　データ形式の変換　　WinASEAN で衛星画像を読み込むためには，データ形式の変換が必要である。変換は Preprocessing → Data　Conversion で行う。具体的方法は Help に詳述されているので，そちらを参照（Landsat/TM の変換例を上記の Web サ

[†] 以下，掲載される URL は本書編集時のものであり，変更される場合がある。

イトに掲載しておく）。注意点として，Basic Input Information ダイアログで入力するピクセル数は，1ライン当りの物理レコード長を入力しなければならない。レコード長は，画像の全容量／（全ライン数×全チャネル数＋1）で計算する。画像のフォーマットがBSQの場合には，全チャネル数は1を，BILの場合には，元のチャネル数を与える。

② 画像の切出し　WinASEANのEducational版では扱える画像サイズが2,000 pixels×2,000 lines以下に制限されている。画像サイズがこの制限を超えている場合は，画像の一部を切り出す必要がある。画像の切出しは，Preprocessing → Image Window Cuttingで行う。具体的方法はHelpに詳述されているので，そちらを参照（例をWebサイトに掲載しておく）。画像サイズが大きいと演算や表示に時間がかかる。900 pixels×700 lines程度が扱いやすいと思われる。

③ ルックアップテーブル（LUT）の作成　ディスプレイに表示する画像を見やすくする（階調補正をしてコントラストを上げる）際に用いるルックアップテーブル（LUT）を前もって作成しておく。Preprocessing → Histogram Calculationを実行し，Exitで終了。拡張子が .hst のファイルが作成される。次いでPreprocessing → Image Enhancementを実行し，Exitで終了。拡張子が .enh のファイルが作成される。このファイルがルックアップテーブル（LUT）である。

④ 画像データのEncode処理　演算を高速化するために，PreprocessingのImage Encodingでファイルをencodeしておく。拡張子が .cpt のファイルが作成さる。

〔実習手順〕

（1）アプリケーションの起動　Windowsを起動しプログラムメニューの「ImaSOFT」→「CRST 1.0」より，WinASEANを起動する。WinASEANのウィンドウでOpen → Open Work Spaceとクリックし，出現するダイアログで任意のファイル名をキーボードから入力し「開く」をクリック。

（2）正規化植生指標（NDVI）の算出と表示

① NDVIの計算　PreprocessingのVegetation Index Calculationを起動。Input parametersで出現するダイアログ内のInput Image File Name用のBrowseボタンから，〔準備〕でEncodeした画像ファイル（拡張子 .cpt）を選択する。Output Image File Nameとして任意のファイル名をキーボード入力する。さらに，Band Number for Red（可視光赤，Landsatの場合3），Band Number for Infrared（近赤外，Landsatの場合4）を入力する。ゲイン（Gain）とオフセット（offset）はそれぞれ127を入力する。OKをクリック。計算が実行され，結果は指定したファイル名（拡張子 .gih）で保存される。Exitで終了。

② NDVI画像の表示　Image DisplayのFalse Color Image Displayを起動。File →

Open image で，上で保存した NDVI 画像（拡張子 .gih）を開く。NDVI 画像が植生指標に応じた明暗で表示される（値が高いピクセルほど明るく，低いピクセルほど暗く表示される）。この画像をレポートとして提出するために，画像をコピーして，Microsoft PowerPoint を起動し，パワーポイントのスライドに貼り付ける。後でも使うのでパワーポイントは起動したままにしておく。

（3） 土地利用分類　　教師付き分類により土地利用を分類し，土地利用図を作成する。土地利用は宅地＆交通，農地，森林，水面の 4 類型とする。実際にはこの 4 類型のいずれにも分類されない画素（unclassified）が発生するので，5 類型となる。

① トレーニングエリアの選定　　Classification の Training Area Selection を起動。File → Open LUT で〔準備〕で作成した LUT ファイル（拡張子 .enh）を選択。File → Open Image File で衛星画像（拡張子 .gih）を選択。File → Open Training Address でトレーニングアドレスファイル（トレーニングエリアの情報を記録するファイル）として，任意のファイル名を入力する。

　　A Selection をクリック。トレーニングエリアの位置にカーソルをもっていき，カーソルの移動ごとにマウスの左ボタンをクリックして多角形を描く（小さい三角形で描くとよい）。最後にマウスの右ボタンをクリックすると多角形が閉じ，トレーニングエリアが白く囲まれ，Is polygon drawn correctly？と表示される。"はい（Y）"を選択する（多角形が正しく描けていない場合は"いいえ（N）"を選択し多角形を描き直す）。Input class name に土地利用類型を入力する（英数半角 6 文字以内，例えば，宅地＆交通＝Built，農地＝Agri，森林＝Forest，水面＝Water）。次いで，Select Color から，各土地利用に割り当てる色を選択する（例えば，宅地＆交通＝赤，農地＝黄，森林＝緑，水面＝青）。OK をクリック。トレーニングエリアが指定した色で塗り潰される。Accept Selection をクリック（トレーニングエリアが正しくない場合は Erase Selection を選択し，多角形を描き直す）。同じ土地利用種で別のトレーニングエリアを追加する場合は，Selection More を選択し，Selection →ポリゴン描画→ Accept Selection を繰り返す（トレーニングエリアは一つの土地利用類型につき 3 箇所以上とること）。これ以上同じクラスのトレーニングエリアが必要ない場合は Save Selection を選択。

　　A へ戻り，次の土地利用類型のトレーニングエリアを選択する。土地利用が 4 類型であるので，A の操作を 4 回繰り返す。

　　すべての土地利用類型についてトレーニングエリアを選定し終わったら，File → Exit で終了。

② トレーニングデータの統計量の計算　　Classification の Training Data Statistics Calculation を起動。Input Parameters により，Encode した衛星画像ファイル（拡張子 .cpt）と，上で作成したトレーニングアドレスファイル（拡張子 .adr）を選択。

任意の出力ファイル名（トレーニング統計量を記録するファイル）を入力し OK を選択。トレーニングデータの分類精度を表す行列（confusion matrix）が表示される。ディスプレイ数枚分の膨大な情報が表示されるが，Confusion Matrix を含む末尾の部分を表示した状態で，画面をコピーして，パワーポイントに貼り付ける。Confusion Matrix の対角要素は正しく分類された画素数を表し，対角以外の要素は誤分類された画素数を表すので，分類精度を知ることができる。

③ 対象画像の分類　　Classification の Maximum Likelihood Classification を起動。Open → Input Parameters により衛星画像ファイル（拡張子 .cpt），および上で作成したトレーニング統計ファイル（拡張子 .trn）を選択し，任意の出力ファイル名（分類画像）を入力する。Continue → OK で分類画像と凡例が表示される。画面をコピーして，パワーポイントに貼り付ける。

④ トレーニングエリアの表示　　分類結果が思わしくないことがトレーニングエリアの取り方に起因している場合も多い。自分の選択したトレーニングエリアを表示して，その良否を確認する必要がある。Classification の Training Area Redisplay を起動。File → Open LUT でルックアップテーブル（拡張子 .enh）を開く。File → Open Adr File でトレーニングアドレスファイル（拡張子 .adr）を開く。衛星画像にトレーニングエリアがオーバーレイされて表示される。Display → View Area で分類画像の全域表示。画面をコピーして，パワーポイントに貼り付ける。

⑤ 土地利用種別面積の計算　　Post Classification の Area Measurement で，土地利用類型ごとの画素数，面積，および比率を算出する。Post Classification → Area Measurement → Input parameters → Browse で分類画像ファイル（拡張子 .cls）を指定。Pixel Interval，Line Interval を入力（Landsat/TM の場合共に 30）→ OK で計算結果が表示される。画面をコピーしてパワーポイントに貼り付ける。

（4）考　察　　対象地域の 1/25,000 地形図（http://watchizu.gsi.go.jp/ で日本全国閲覧可）や空中写真等を Web サイト等で閲覧し，自分の分類結果と見比べて考察せよ。

レポート

Microsoft PowerPoint 形式の電子ファイルで提出する。ファイル名は学籍番号 .ppt とする。内容は以下のとおりとする。シート（スライド）にはすべて見出しを付けること。

Sheet 1：表紙（課題名，提出年月日，学籍番号，氏名）
Sheet 2：正規化植生指標の画像を表示した画面のコピー
Sheet 3：Training Data Statistics Listing を表示した画面のコピー
Sheet 4：土地利用分類画像を表示した画面のコピー
Sheet 5：トレーニングエリアを表示した画面のコピー
Sheet 6：土地利用種別面積を表示した画面のコピー
Sheet 7：考察

【実習24】 GISを用いた地形情報解析

目　的

DEM（digital elevation model，数値標高モデル）を使った地形情報解析の実践を通してGISの理解を深める。

知　識

口絵「航空写真とディジタル写真計測技術」参照。

（1）　GIS　　GIS（geographic information system，地理情報システム）は，一般的に，地理情報すなわち位置情報と属性情報の管理，検索，解析，表示等を行うコンピュータシステムで構成される。情報は地図上に表示されるので視覚的に把握することができる。ナビゲーションシステムやテレビで見る天気図は身近な利用例である。

（2）　ディジタルマップ（数値地図）　　GISで用いる地図は，コンピュータで扱えるよう数値化された地図（ディジタルマップ）である。コンピュータ上でそれらを重ね合わせて，空間検索や空間解析を行う（図24.1，【実習1】知識（5）③「数値地図」参照）。

（3）　空間情報の記述方法　　ディジタルマップにおける空間の記述方法はラスタモデルとベクタモデルに分けられる（図24.2）。

① ラスタモデル（raster model）　空間を一定サイズの小区画に細分化し，各区画に属性値を与える。区画形状は正方形が用いられることが多く，グリッドやメッシュと呼ばれる。リモートセンシングの衛星画像もラスタモデルの一種である。

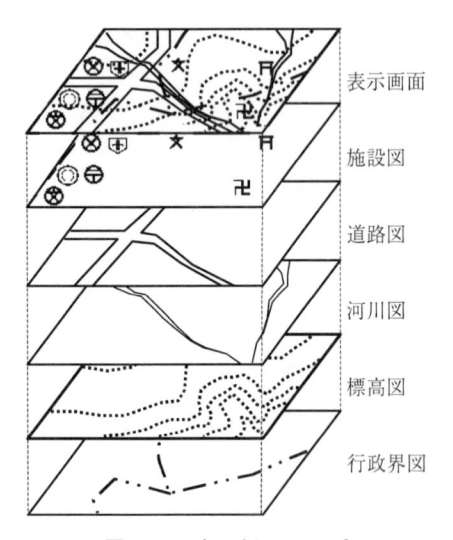

図24.1　ディジタルマップ

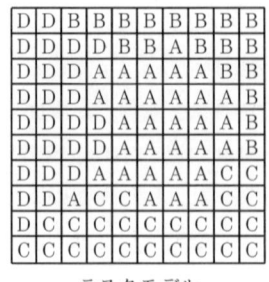

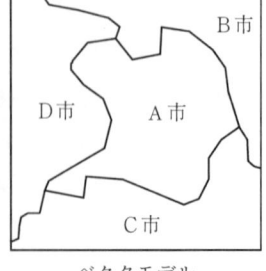

図24.2　ラスタモデルとベクタモデル

② ベクタモデル（vector model）　空間情報を点（point），線（line），面（polygon）のいずれかによって表し，これに属性情報を対応させる方法である。線も面も点を結んだものとして定義される（線は点を連結した折れ線，面は点を連結した多角形となる）。点の位置情報は座標値（ベクトル）で表される。

実　習

DEM として国土地理院刊行の「数値地図 50 m メッシュ（標高）」を用い，GIS アプリケーションとして MinnaGIS.exe を用いて，標高図，流域面積（集水面積）図，斜面日射図，汚染物質拡散範囲図を作成する。なお，コロナ社 Web サイト（http://www.coronasha.co.jp）の本書に関するページに画像付きのより具体的な説明を掲載している。

〔使用器具〕
ソフトウェア：「MinnaGIS.exe（フリーウェア）」，「Microsoft PowerPoint（レポート作成用）」
マ ニ ュ ア ル：「MANUAL.PDF（ソフトウェアに付属の電子マニュアル）」
デ　ー　タ：「数値地図 50 m メッシュ（標高）」，「数値地図 25000（地図画像）」
パ ソ コ ン：OS が Windows 95，98，NT，2000，XP のいずれかであるパソコン

〔準　備〕　ここに記載されている内容は，授業時間に余裕がある場合は実習課題とすることも可能であるが，時間に余裕がない場合は，事前に教員のほうで行っておくとよい。

（1）　ソフトウェア「MinnaGIS」のインストール　「みんなで GIS」の Web サイトhttp://www13.ocn.ne.jp/~minnagis/からインストーラ instgis.exe をダウンロードして，ダブルクリックで解凍する。このソフトウェアのマニュアル MANUAL.PDF も同一フォルダに解凍される。解凍されたファイルの中から setup.exe をダブルクリックしてインストールを実行する。Windows のプログラムメニューの中に「MinnaGIS」が追加されるのでここから起動する。MinnaGIS.exe は小池文人氏により開発され，フリーウェアとして公開されている。以下に，マニュアルに記載されている使用条件の全文を記載しておく。『使用者は研究者や市民を想定しています。意図しないデータの消失やプログラムのバグがあるかもしれませんが，損害は補償できないので自己責任での使用をお願いします。なお，普通の市販ソフトと違って，既存のファイルに上書きする場合も警告を出していません。このシステムを使用してレポートや論文を作成した場合は，その旨を文中に記載・引用しておいてください。このプログラムは他に再頒布せず，次のサイトからダウンロードしてください。http://www13.ocn.ne.jp/~minnagis/』

（2）　データの準備（標高ラスタデータの作成）
① 対象地域の標高データ（ベクタ）の切出し（マニュアル p.24「50 m メッシュ標高デ

ータ「数値地図 50 m メッシュ（標高）」の読込」参照）[†] 分析対象地域（地域の選択は任意，範囲は 2 次メッシュ 1 個分（国土地理院発行の 1/25,000 地形図 1 枚分の範囲に該当）とする）を決定し，その範囲の標高データを「数値地図 50 m メッシュ（標高）」の CD-ROM より切り出す。データ件数は縦 200×横 200＝40,000 地点となり，地点の水平間隔は約 50 m となっている。切出しの際には必ず当該都道府県が属する座標系を選択すること。

② 空のラスタデータの作成（マニュアル p.22「プローブ用のデータ発生」参照） 上記で切り出した標高データはベクタ（ポイント）形式であるが，以降の解析のために，ラスタ形式に変換しておく必要がある。そのため，まずは空のラスタデータを作成する。

「データ入力編集・空の図形の発生」→「ラスタデータ作成」を実行する。「ラスタデータの生成」ウィンドウでラスタの空間範囲は，上で CD-ROM から切り出した標高ファイルをエクセルで開き，2 行目の位置情報を参照して入力する。解像度は 150 セルとする。ファイル名として Raster.csv と入力し，「実行」をクリックする。

③ 標高データ（ベクタ）のラスタ変換（マニュアル p.46「point 地点のデータを補完してラスタに」参照） 「かたちの情報の変換と計算」→「point 属性を補完してラスタへ」を実行。「属性を受け取るラスタ・ファイル」に上で作成した空のラスタデータファイル Raster.csv を指定，「測定地点ファイル」には ① で CD-ROM から切り出した標高データファイルを指定し，ウィンドウ中段の「実行」をクリック。ウィンドウ下段で，「抽出する属性変数」として DEM を選択，「欠損データ」を「最近隣データ」として「実行」をクリック。

④ 「数値地図 25000（地図画像）」のファイル形式変換（マニュアル p.32「2 万 5 千分 1 地形図地図画像「数値地図 25000（地図画像）」の読込」参照） 背景画像として使用するために，対象地域の「数値地図 25000（地図画像）」ファイルを minnaGIS 形式のラスタファイルに変換しておく。ファイル名は map.csv とする。

〔実習手順〕

（1） アプリケーションの起動（マニュアル p.11「インストールと起動」参照） Windows を起動し，プログラムメニュー（スタートメニュー）の「MinnaGIS」→「MinnaGIS」より MinnaGIS を起動する。

（2） 標高図の作成（マニュアル p.15「画像ファイルに書き出す」を参照） 「画像ファイルに出力」を選択し，「表示するファイル」に〔準備〕で作成した標高のラスタファイル raster.csv を選択し「ファイル読込」をクリック。ディスプレイに標高図が表示される。

[†] 以下，記載するマニュアル対応ページは，本書編集時のものであり，変更される場合がある。

レポートとして提出するために，表示された画像をコピーして，Microsoft PowerPoint を起動し，パワーポイントのシートに貼り付ける。同様に，「背景のラスタファイル」として「数値地図 25000（地図画像）」を minnaGIS 形式のラスタファイルに変換したもの（map.csv）を指定し，背景画像付きで標高を表示する。ディスプレイに表示された画像をコピーして，パワーポイントに貼り付ける。パワーポイントは起動したままにしておく（以降も使用するため）。

（3）　集水面積（流域面積）の計算　　全メッシュに一律 1,000 mm/年の降水があり，すべて地表面流出したと仮定した場合の各メッシュの集水量を算出する。これは各メッシュの集水面積（流域面積）に相当する。この値を元に流域面積図を作成する。

① 各メッシュの集水量の算出（マニュアル p. 60「地形データをもとにした集水量の計算」参照）　　「その他・応用プログラム」→「集水面積と起伏」を選択する。ウィンドウ上段で「標高のメッシュ値（DEM）を持つラスタ・ファイル」として，〔準備〕で作成した標高のラスタファイル raster.csv を選択する。ウィンドウ下段左で「解析内容」として「集水量」にチェックを入れる。ウィンドウ下段右では「標高変数」として DEM を選択し，「均一に 1000 mm の降水」にチェックを入れる。標高のラスタファイル raster.csv に Catchment という変数名で計算結果（各セルの集水量）が追加される。

② 集水量の対数変換（マニュアル p. 34「ラスタ変数の演算と統合」参照）　　上で算出した集水量はそのままでも画像表示できるが，けた数が大きいため，対数変換を施したほうが画像が見やすくなる。「属性値の計算とファイル統合」→「ラスタ変数の統合と演算」を選択し，出現するウィンドウで対数変換を行う（ファイルとして集水量の計算結果が格納されているラスタファイル（raster.csv）を選択し，変数 1，変数 2 ともに Catchment を選択する。演算としては ln(v) を選択する）。Catchment の値が対数変換した値に更新される。

③ 集水面積（流域面積）図の作成（マニュアル p. 15「画像ファイルに書き出す」を参照）　　「画像ファイルに出力」を選択，「表示するファイル」に raster.csv を選択し「ファイル読み込み」をクリック。「表示ファイルの色指定」で Catchment を選択する。「背景のラスタファイル」として「数値地図 25,000（地図画像）」を minnaGIS 形式のラスタファイルに変換したもの（map.csv）を指定し，背景画像付きで作成する。ディスプレイに表示された画像をコピーして，パワーポイントに貼り付ける。

（4）　斜面日射図の作成（マニュアル p. 59「地形データをもとにした日射量の計算」参照）　　「その他・応用プログラム」→「日射環境」を選択する。ウィンドウ上段で「地形ファイル名」として標高のラスタファイル raster.csv を選択し，中段の「実行」をクリック。

下段の「地形ファイルの変数」で「DEM」を選択し「斜面日射」にチェックを入れる。「期間」は 200 日〜200 日とする（元旦から 200 日目の日の意）。標高のラスタファイルに「Radi_Slp_日 200〜200_時 0〜24」という変数名で計算結果（セルごとの斜面日射量）が追加されるので，前節同様，地形図を背景画像，計算結果を前景画像として画像表示する。ディスプレイに表示された画像をコピーして，パワーポイントに貼り付ける。

(5) 汚染物質の拡散予測　あるエリアに汚染物質が投棄されたと仮定し，これが降雨に伴う地表流によりどの範囲まで拡散するかを分析する。

① 汚染物質の投棄範囲の入力（マニュアル p. 18「地図や写真上の地点や領域などをマウス入力」参照）　「データ入力編集・空の図形の発生」→「ラスタ画像上にベクトル入力」を選択。出現するウィンドウで「図形ファイル名」として pollution.csv と入力する。ここで作成する図形の情報はこのファイルに記録される。「背景ラスタ・ファイル」として，地図画像ファイル map.csv を選択。「属性変数名」として source と入力→「マウス入力へ」をクリック。新たに出現するウィンドウで「図形のタイプ」として polygon（多角形）を選択する。「属性変数値」として 1 を入力する。地図上の任意の場所に汚染物質投棄エリアとして，マウスを使って polygon を描く。「図形を登録」をクリックすることで，polygon の最後の辺が自動的に閉じられ，図形として登録される。Polygon は三つ登録する（任意の 3 箇所で多角形を描く）。最後に「ファイルに保存」をクリックする。

② 投棄範囲のラスタ変換（ポリゴン→ラスタ）（マニュアル p. 38「一定距離内の図形やセルの属性値を集計して，セルに付与」参照）　「属性値の計算とファイル統合」→「一定距離内の図形やセルの属性を集計してラスタに」を選択。出現するウィンドウにおいて「集計領域を決めるラスタ・ファイル」として，標高のラスタファイル raster.csv を選択，「集計対象の属性値をもつ地点ファイル」として，上で作成した汚染エリアの polygon ファイル pollution.csv を選択し，中段の「ファイル読込」をクリックする。下段では「集計する属性変数」として，汚染 polygon の変数名である source を選択し「実行」をクリックする。

③ 拡散範囲の予測（マニュアル p. 76「汚染物質の拡散予測」参照）　「その他・応用プログラム」→「集水面積と起伏」を選択する。ウィンドウ上段で標高のラスタファイル raster.csv を選択する。ウィンドウ下段左で「解析内容」として「集水量」にチェックを入れる。ウィンドウ下段右では「標高変数」として DEM を選択する，「降水量」として「メッシュ値」を選択し「source_avr_0」を選択する。「実行」をクリック。

④ 拡散範囲図の作成（マニュアル p. 15「画像ファイルに書き出す」参照）　前節同様，地形図を背景画像，計算結果を前景画像として画像表示し，パワーポイントに貼り付

ける。

（6）考　察

> レポート

　レポートはMicrosoft PowerPoint形式の電子ファイルで提出する。ファイル名は"学籍番号.ppt"とする。内容は以下のとおりとする。シート（スライド）にはすべて見出しを付けること。

　　Sheet 1：表紙（課題名，提出年月日，学籍番号，氏名，「みんなでGIS」を使用した旨の記述）
　　Sheet 2：標高を表示した画面（背景画像なし）のコピー
　　Sheet 3：標高を表示した画面（背景画像あり）のコピー
　　Sheet 4：集水面積（流域）を表示した画面のコピー
　　Sheet 5：斜面日射量を表示した画面のコピー
　　Sheet 6：汚染物質の拡散範囲を表示した画面のコピー
　　Sheet 7：考察

XI. 面積・土量の計算

【実習 25】 プラニメーターによる面積測定

目 的

不規則な境界線で囲まれた図形や地図上の面積測定の方法を学習する。

知 識

（1） 面積計算には主に次の方法が用いられる。

$$
\begin{cases}
実測法 \begin{cases} 緯距と倍横距による方法 \\ 合緯距と合経距による方法 \\ オフセット法（台形公式，シンプソンの公式） \\ 三角形法（三辺法，二辺交角法） \end{cases} \\
図上法 \begin{cases} 図解測定法（三斜法，方眼法，長方形法） \\ プラニメーター法 \end{cases}
\end{cases}
$$

（2） オフセット（支距）法には，基線と土地の境界線に挟まれた面積を，境界が折れ線形の場合は台形公式で，境界が曲線形状の場合はシンプソンの公式で求める。

① 図 25.1 のような面積 A は，台形公式

$$A = \frac{1}{2}\{d_1(y_1+y_2) + d_2(y_2+y_3) + \cdots + d_{n-1}(y_{n-1}+y_n)\}$$

で求め，もし $d_1 = d_2 = \cdots = d_{n-1} = d$（一定）の場合は

$$A = \frac{1}{2}d\{y_1 + 2(y_2+y_3+\cdots+y_{n-1}) + y_n\}$$

で求める。

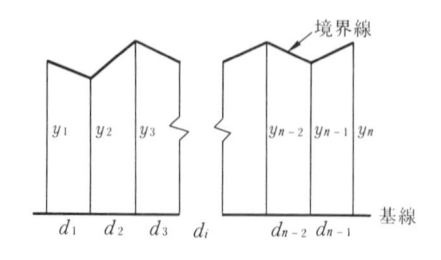

図 25.1 台 形 公 式

② 図 25.2 のような面積 A は，n が 3 以上の奇数の場合，シンプソンの第 1 公式

$$A = \frac{1}{3}d\{y_1 + 4(y_2 + y_4 + \cdots + y_{n-1}) + 2(y_3 + y_5 + \cdots + y_{n-2}) + y_n\}$$

で求めるが，n が公式の条件に合わない場合は端部の面積を台形公式で求めて合算すればよい．

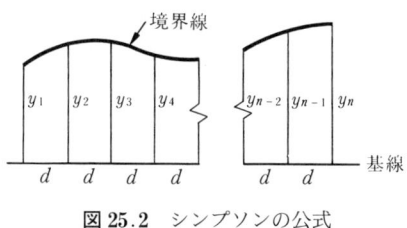

図 25.2 シンプソンの公式

（3）三斜法は，図 25.3 のように，図形を三角形に区切り，各々の三角形の高さと底辺を図上で測定して得た面積を合計し，これに図面縮尺の分母の 2 乗を乗じて実面積を求める方法である．精度を高めるには三角形を偏平にしないように区切ることである．また，方眼法は，図 25.4 のように図形の上に透明方眼紙を載せ，図形の境界内にある完全な方眼の数

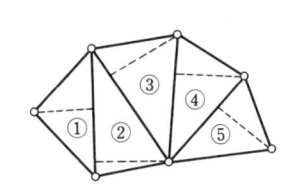

No.	底辺〔mm〕	高さ〔mm〕	倍面積〔mm²〕
①	400	110	44,000
②	400	230	92,000
③	410	210	86,100
④	300	143	42,900
⑤	280	100	28,000
計	—	—	293,000

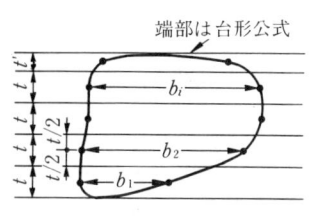

図上面積 $a = 293,000/2$
$= 146,500 \text{ mm}^2$
図面縮尺 $= 1/100$
実際の面積 $= a \times 100^2$
$= 1,465.00 \text{ m}^2$

図 25.3 三 斜 法

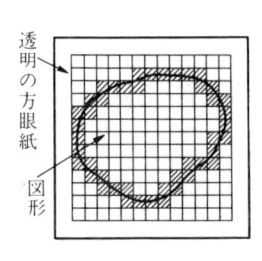

図 25.4 方 眼 法

図 25.5 長方形法（方眼や帯の幅が細かいほど正確な面積が得られる）

と，境界線で区切られた方眼の数の半分を合計し，これに方眼の単位面積を乗じて求める方法である。さらに，長方形は，**図 25.5** のように図形を帯状に区切った等間隔の幅に各帯の中心線の長さを乗じて合計し，これに台形公式などで求めた端部の面積を加えて求める方法である。

（4）プラニメーターには手動プラニメーターと電子プラニメーターがある。前者は図形の境界線に沿って測標(そくひょう)を一周させると測輪(そくりん)が面積に比例して回転し，その回転数に図面縮尺に応じた単位面積定数を乗じて面積を求める方法であり，これには極針のある固定式（ポーラ型）プラニメーター（【巻末資料9】参照）や移動式（ローラー型）プラニメーター，ディジタルプラニメーター（**図 25.6**）がある。電子プラニメーターは，図形の境界線に沿って裁断したものを専用器に差し込み，図形に光を当てたときの反射光量を電気的に計測して面積を測定するもので，複雑な曲線形状，例えば植物の葉面積の測定に最適である。

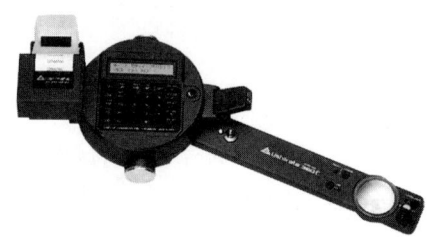

図 25.6　ディジタルプラニメーター

実　習

〔使用器具〕　プラニメーター1台，製図板1枚，製図用具一式，A3判用紙1枚，粘着テープ，電卓

〔実習手順〕

（1）三角スケールを用いて，A3判用紙左側半分に一辺10 cm の正方形を描き，その右側半分に半径5 cm の円を描く。これらの図面縮尺は，前者が1/200，後者が1/1,000 とする。

（2）描いた図面を縮尺に合わせた三角スケールで正確に測定して，実面積を計算する。この場合，正方形では①縦×横と②三斜法で，円形では①円面積の公式と②円に内接する四角形とその他に分け，四角形は三斜法で，残りはシンプソンの公式で求める。

（3）プラニメーター格納ケースにある定数表から，図面縮尺に応じた単位面積定数を写す。

（4）図面を製図板に粘着テープで固定し，図形の始点を決め，右回りで3回測定した読み数の平均値に単位面積定数を乗じて面積を求める。この場合，測輪が図面の縁(へり)に引っ掛からないように注意する。

（5） (2)の計算による面積（①と②）と(4)のプラニメーターで求めた面積とを比較考察する。

レポート

実習の結果を整理して，図面とともに提出せよ。

演　習

（1） 三角形の三辺が 34.7 m, 45.3 m および 31.6 m であった。この面積を三辺法（ヘロンの公式）で求めよ。これを三角スケールとコンパスを用いてグラフ用紙に納まるように適当に縮小して図を描き，その面積を三斜法で求め，三辺法の面積と比較せよ。

（2） 線対称のひょうたん池の中心線に巻尺を張り，2m 間隔で片側のオフセットを測った。そのオフセットが始点から 0.00 m, 1.30 m, 2.00 m, 2.40 m, 2.15 m, 1.85 m, 1.20 m, 1.70 m, 1.95 m, 2.45 m, 2.85 m, 3.25 m, 2.50 m, 2.10 m, 1.85 m, 1.50 m, 0.65 m, 0.00 m であった。この池の面積を台形公式とシンプソンの第1公式で求めよ。

（3） 縮尺 1/200 の図面上のある円の面積を，ローラー型プラニメーターで測定したときの読み数が 12,560 であった。このプラニメーターの単位面積定数が $0.4 m^2$ であれば，この円の面積はいくらか。

【実習 26】 断面平均法と点高法，土地の分割，土量の計算・貯水量等の計算

目 的

細長い土地の土量を断面平均法で，宅地造成や土取場(どとりば)など広い土地の土量を点高法で求める方法を理解する。また，土地分割の方法や地形図から流域面積・土量・貯水量等を求める方法を理解する。

知 識

（1） 両端断面積 A_1, A_2 の平均 $(A_1+A_2)/2$ に距離 l を乗じて

$$V = \frac{l(A_1+A_2)}{2}$$

で土量を求める方法を，両端断面平均法という。一方，両端までの距離 l_1, l_2 の平均 $(l_1+l_2)/2$ に面積 A を乗じて

$$V = \frac{A(l_1+l_2)}{2}$$

で土量を求める方法を，中央断面法という。一般には前者が多く用いられる（**図 26.1**）。それぞれの計算表は**表 26.1**，**表 26.2** に示す。

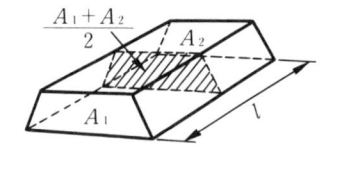

（a）両端断面平均法　　　（b）中央断面法

図 26.1 断 面 法

表 26.1 両端断面平均法による土量の計算例

測点	距離 (m)	断面積 〔m²〕 切土(C.A.)	断面積 〔m²〕 盛土(B.A.)	平均断面積 〔m²〕 切土(C.A.)	平均断面積 〔m²〕 盛土(B.A.)	土量 〔m³〕 切土	土量 〔m³〕 盛土
0		0.6	0.6				
	20.0			0.8	0.3	16.0	6.0
1		1.0	0.0				
	20.0			0.6	0.2	12.0	4.0
2		0.2	0.4				
	8.0			0.1	0.45	0.8	3.6
+8		0.0	0.5				
	12.0			0.0	0.65	0.0	7.8
3		0.0	0.8				
計	—	—	—	—	—	28.8	21.4

実習 26　断面平均法と点高法，土地の分割，土量の計算・貯水量等の計算　　115

表 26.2　中央断面法による土量の計算例

測点	距離〔m〕	断面積〔m²〕		平均距離〔m〕	土量〔m³〕	
		切土(C.A.)	盛土(B.A.)		切土	盛土
0		0.6	0.6	10.00	6.0	6.0
	20.0					
1		1.0	0.0	20.00	20.0	0.0
	20.0					
2		0.2	0.4	14.00	2.8	5.6
	8.0					
+8		0.0	0.5	10.00	0.0	5.0
	12.0					
3		0.0	0.8	6.00	0.0	4.8
計	—	—	—	—	28.8	21.4

（2）　点高法は，区域全体をセオドライトと巻尺を用いて方眼になるようにし，その交点に杭を打ち（図 26.2），その方眼点の高さをレベルを用いて測定し土量を求める方法である。例えば，四角柱では図 26.3 から

$$V = \frac{1}{4}A(h_1 + h_2 + h_3 + h_4)$$

で求まり，三角柱では図 26.4 から

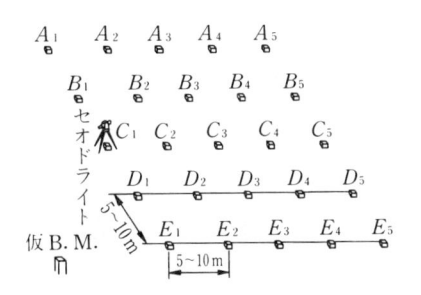

図 26.2　点高法の測量方法

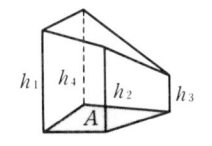

図 26.3　四角柱の土量　　　　図 26.4　三角柱の土量

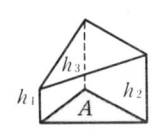

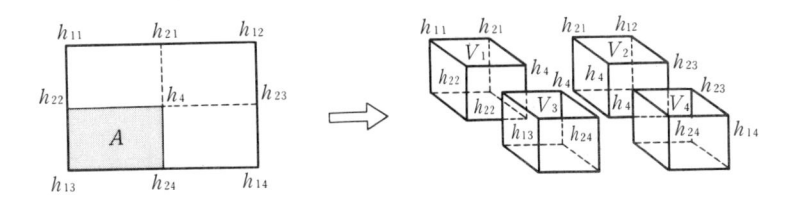

図 26.5　四角柱に分割

$$V = \frac{1}{3}A(h_1 + h_2 + h_3)$$

で求まることを，広い面積に応用しただけである。**図 26.5** の平面図は四角柱の集まりに分けられるので，全体土量 V は次のように求まる。

$$V = V_1 + V_2 + V_3 + V_4$$

$$V_1 = \frac{1}{4}A(h_{11} + h_{21} + h_{22} + h_4)$$

$$V_2 = \frac{1}{4}A(h_{12} + h_{21} + h_{23} + h_4)$$

$$V_3 = \frac{1}{4}A(h_{13} + h_{22} + h_{24} + h_4)$$

$$V_4 = \frac{1}{4}A(h_{14} + h_{23} + h_{24} + h_4)$$

$$\therefore V = \frac{1}{4}A\{(h_{11} + h_{12} + h_{13} + h_{14}) + 2(h_{21} + h_{22} + h_{23} + h_{24}) + 4h_4\}$$

一般式として

$$V = \frac{1}{4}A(\Sigma h_1 + 2\Sigma h_2 + 3\Sigma h_3 + 4\Sigma h_4)$$

で求まる。

　土地を区分する正方形・長方形の 1 個の面積を小さくしたり，正方形・長方形を三角形に細分して土量

$$V = \frac{1}{3}A(\Sigma h_1 + 2\Sigma h_2 + 3\Sigma h_3 + 4\Sigma h_4 + 5\Sigma h_5 + 6\Sigma h_6)$$

を求めればより精密になる。また，これらの土量を全区域の面積で割れば，切盛土量が等しくなるような地盤高（地均し高さ）を求められる。その計算例を**表 26.3** に示す。

表 26.3　点高法による土量の計算例

	計　算　欄	小計	$n\Sigma h_n$
Σh_1	4.50 + 5.40 + 5.00 + 4.60	19.50	19.50
$2\Sigma h_2$	4.60 + 5.20 + 4.30 + 4.70 + 4.10	22.90	45.80
$3\Sigma h_3$	4.80	4.80	14.40
$4\Sigma h_4$	4.50 + 4.20	8.70	34.80
		合計	114.50
$\Sigma V = \frac{1}{4}A(\Sigma h_1 + 2\Sigma h_2 + 3\Sigma h + 4\Sigma h_4) = \frac{1}{4} \times 80 \times 114.5 = 2,290\ \text{m}^3$			
地均し高さ	$H = \frac{\Sigma V}{\Sigma A} = \frac{2,290}{80 \times 7} = 4.09\ \text{m}$		

（3）　土地分割は平面図上で行い，現地と照合して分割線を杭などで表示する。分割面積の精度は市街地で 0.01 m²，田畑などは 1 m² 単位であり，実際的には 0.1 m² 単位とされて

いる。

（4） 河川等の流量は，流域面積と降雨量から概算できる。図26.6において点Aの流量を求めるための流域面積は，DEの山稜線（さんりょう）とDBとEC方向の分水線と点Aから等高線に直角な最大傾斜線で囲まれた地域，すなわち，ABDECAの面積が流域面積となる。この流域面積はプラニメーターで測定できる。

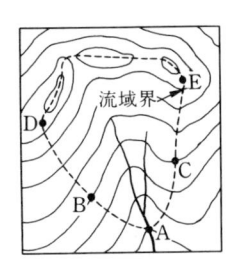

図26.6　点Aにおける流域面積の求め方　　図26.7　等高線による山の体積の求め方

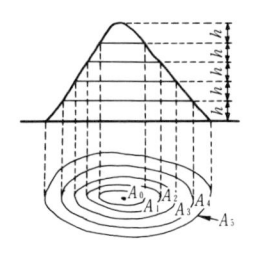

（5） 等高線によって囲まれた山の体積Vは，図26.7に示すように等高線間隔をhとし，等高線で囲まれた面積をプラニメーターで測定して各々を$A_0, A_1, \cdots A_n$とすれば

$$V = \frac{1}{3}h\{A_0 + A_n + 4(A_1 + A_3 + \cdots + A_{n-1}) + 2(A_2 + \cdots + A_{n-2})\}$$

で求まる。ただし，nは偶数。この式を柱状体（プリズモイド）公式というが，これで求めた値は両端断面平均法で求めた値より小さく，中央断面法で求めた値より大きく，真の値に近いといわれている。

（6） ダムなどの貯水量を求めるには，ダム背面の各等高線で囲まれた面積をプラニメーターで求め，両端断面平均法などで計算できる。図26.8の貯水量Qは

$$Q = Q_1 + Q_2 + \cdots + Q_5 = \frac{1}{2}H\{A_1 + A_6 + 2(A_2 + A_3 + A_4 + A_5)\}$$

で求まる。貯水池の底部の水量は無視してよい。

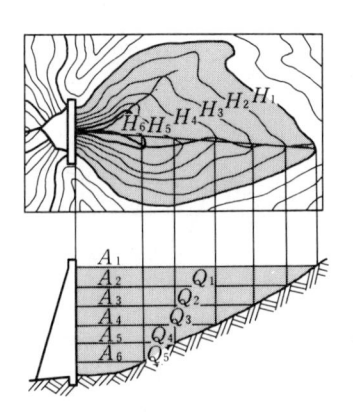

図26.8　ダムの貯水量の求め方[7]

XI. 面積・土量の計算

実 習

〔使用器具〕 製図用具，三角スケール

〔実習手順〕

（1） 図26.9のように，横断面図に示す盛土面積（B.A.），切土面積（C.A.）を用い，両端断面平均法と中央断面法で，No.0～No.5間の切盛土量を計算する。また，同区間で切盛土量をほぼ同じ程度にするためには，施工基面（標準断面図の幅員の高さ）をどうすればよいかを考える。なお，No.杭間隔は20mとする。

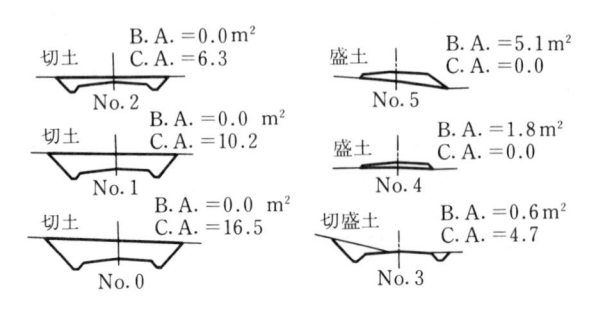

```
切土  B.A.=0.0 m²    盛土  B.A.=5.1 m²
      C.A.=6.3              C.A.=0.0
      No.2                  No.5

切土  B.A.=0.0 m²    盛土  B.A.=1.8 m²
      C.A.=10.2             C.A.=0.0
      No.1                  No.4

切土  B.A.=0.0 m²    切盛土 B.A.=0.6 m²
      C.A.=16.5              C.A.=4.7
      No.0                   No.3
```

図26.9　横　断　面　図

（2） 図26.2において仮B.M.標高を10.00 mとし，水準測量の結果，仮B.M.の後視が1.00 mでA_1～A_5，…E_5までの前視が表26.4のようになった。各杭間隔はABCDE方向が9m，$A_1A_2A_3$…方向が10mである。まず，各点の標高を求めて平面図に描き，計算表を整理して地均し高さを求める。

表26.4　点高法による前視の値

A_1：1.32	B_1：1.25	C_1：1.26	D_1：1.33	E_1：1.39
A_2：1.59	B_2：1.48	C_2：1.50	D_2：1.55	E_2：1.45
A_3：1.69	B_3：1.56	C_3：1.61	D_3：1.61	E_3：1.25
A_4：1.77	B_4：1.62	C_4：1.70	D_4：1.66	E_4：1.57
A_5：1.79	B_5：1.80	C_5：1.81	D_5：1.82	E_5：1.83

（3） 図26.10の□ABCDの土地を4：6の面積に分割する。ただし，点P_1を通るように分割線を決める。縮尺は1/100とする。以下の順で行ってみる。

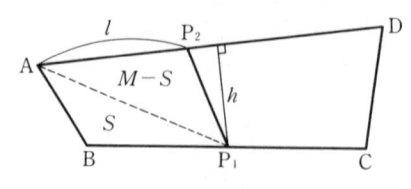

図26.10　土地の分割

① BDを結び，三斜法を用いて□ABCDの面積を求める。その面積に4/10，6/10を乗じてそれぞれ左側 M [m²]，右側 N [m²] とする。
② AP_1 を結び，三斜法で△ABP_1 の面積を求め，これを S [m²] とする。
③ P_1 から AD に垂線を下ろし，この高さを h とする。
④ 4：6に分割する P_2 が A から l の距離にあるとすれば，$M-S=lh/2$ となり，これから，$l=2(M-S)/h$ となる。
⑤ l を A から AD 上にとって P_2 とする。この P_1P_2 が分割線となる。さらに，□$ABP_1P_2=M$，□$P_1CDP_2=N$ となるかを三斜法で点検する。
⑥ 任意の四角形を描き，上の例にならって分割方法を理解する。

（4）山などの体積を等高線法で求める方法
① 図 26.11 を参考にして山の等高線をコンパスを使って円（同心円）で描く。

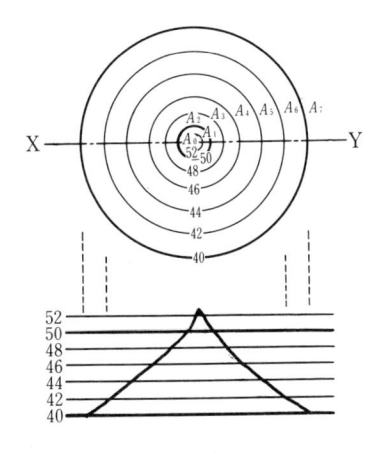

図 26.11 同心円状の山の体積の求め方

② 円の中心を通る X―Y 線で切られる山の断面を描く。このとき円の中心点の部分の面積は 0 として計算に使用する。
③ 各等高線で囲まれた部分の面積は，円だから縮尺 1/100 で簡単に求まる。
④ 柱状体（プリズモイド）公式で山の体積を表 26.5 を参考にして求める。この公式は，最下端面積が偶数の場合に適応できるが，最下端面積が奇数番目の場合は両端断面平均法で求めて加算する必要があるので，次式となる。

$$V = \frac{1}{3}h\{A_0+A_6+4(A_1+A_3+A_5)+2(A_2+A_4)\}+\frac{1}{2}h(A_6+A_7)$$

（5）ダムの貯水量を等高線法で求める方法
① ダムの貯水部分に，図 26.12 のように任意に台形の流域（等高線）を描く。縮尺は 1/100 とする。

XI. 面積・土量の計算

表26.5 柱状体公式による山の体積計算

番号	面積 [m²]	上・下端の面積 [m²]	奇数番号 $4A$ [m²]	偶数番号 $2A$ [m²]
A_0	100	100		
A_1	570		2,280	
A_2	1,000			2,000
A_3	1,480		5,920	
A_4	3,000			6,000
A_5	4,320		17,280	
A_6	8,350	8,350		
小 計		8,450	25,480	8,000
合 計			41,930	

V_1	合計 $\times \dfrac{1}{3}h = 41,930 \times \dfrac{2}{3} = 27,953$ （ただし，$h=2\,\text{m}$）
A_7	10,824
V_2	$\dfrac{1}{2}h(A_6+A_7) = \dfrac{2}{2}(8,350+10,824) = 19,174$

$$\therefore V = V_1 + V_2 = 27,953 + 19,174 = 47,127\,\text{m}^3$$

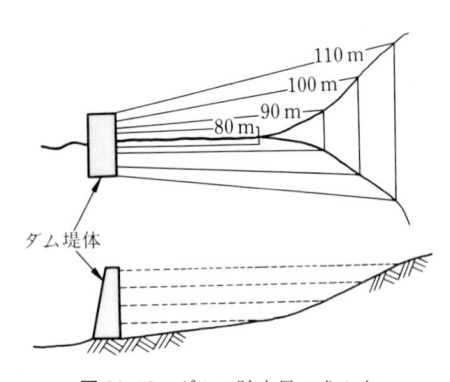

図26.12 ダムの貯水量の求め方

② 等高線間隔を10mとして適当に標高を入れ，各等高線内の面積は台形図形として計算し，両端断面平均法で貯水量〔m³〕を求める。

> [レポート]

実習(1)〜(5)について提出せよ。

> [演 習]

（1） 図26.13の横断面No.0からNo.4までの切土および盛土の土量を両端断面平均法で求めよ。ただし，各断面間の距離は各々20mとする。

（2） 図26.14において以下の問題に答えよ。

① この地域を切土，盛土の土量が等しくなるようにするには，施工基面の高さをいくらにしたらよいか。ただし，各点の数値は基準面上の高さを示す。

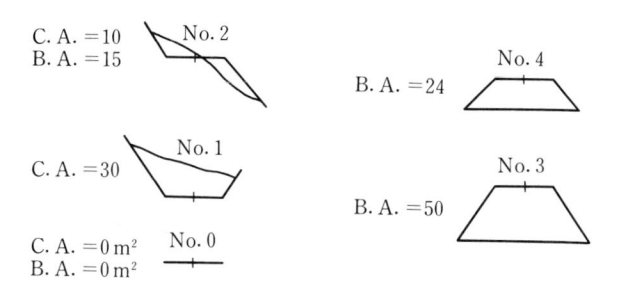

実習 26　断面平均法と点高法，土地の分割，土量の計算・貯水量等の計算　　　*121*

```
C.A.=10    No.2
B.A.=15                          B.A.=24    No.4

C.A.=30    No.1
                                 B.A.=50    No.3

C.A.=0 m²  No.0
B.A.=0 m²
```

図 26.13　横　断　面　図

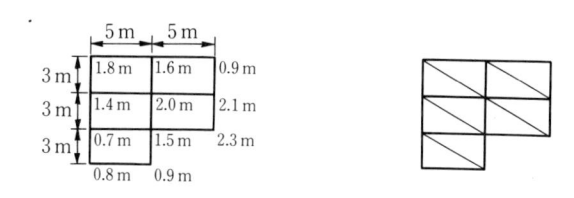

```
      5m  5m
   3m 1.8m 1.6m  0.9m
   3m 1.4m 2.0m  2.1m
   3m 0.7m 1.5m  2.3m
      0.8m 0.9m
```

図 26.14　点　高　法

② この地域を右図のように三角形に区分した場合，基準面上の土量はいくらになるか。

（3）　貯水池の水面の高さを 120 m とすれば，貯水量〔m³〕はだいたいいくらか。ただし，各等高線内の面積は以下に示すとおりである。

　　　　80 m 等高線内の面積　　　300 m²
　　　　90 m　　〃　　　　　　 8,000 m²
　　　 100 m　　〃　　　　　　18,000 m²
　　　 110 m　　〃　　　　　　28,000 m²
　　　 120 m　　〃　　　　　　44,000 m²

（4）　実習(3)で，適当な四角形を 7：3 に分割する分割線を求めよ。
（5）　実習(4)で，この山の体積を両端断面平均法で求めて，実習(4)の値と比較せよ。

XII. 写真測量

【実習 27】 実体鏡を利用した写真測量の基礎

目 的

　航空写真（空中写真ともいう）上に写っている種々の情報を読み取り，連続する2枚の写真中の2点間の比高（高低差）を求める方法を理解する。

知 識

（1）　航空写真の載っている記録については，図 27.1 に示すものがある。

（2）　水準器には 1 grad（グラード）ずつの同心円が刻まれており，気泡の位置により写真の最大傾斜方向と写真の傾きを知ることができる。1 grad は 90° の 1/100 であるので，1 grad＝0.9°＝0° 54′ である。図 27.2 において，最大傾斜方向は水準器の中心と気泡の中心を結んで求まり，写真の傾きは気泡の両端の値を平均して求まる。この写真の傾きは，$(2.8+1.4)÷2×0.9°≒1°53′$ となる。

（3）　航空写真の縮尺　　撮影高度を H，レンズの焦点距離を f，写真の縮尺を M とすれば図 27.3 から，鉛直写真の場合 $M=f/H=ab/AB$ である。

（4）　立体モデルを見るためには反射式実体鏡が，比高（高低差）を求めるには視差測定桿(しきそくていかん)が必要である（図 27.4）。

（5）　写真上の2点間の比高（高低差）ΔH の求め方（図 27.5）

　　　　$\Delta a_1 a_2 I ∽ \Delta I\,II\,A$ より

$$\frac{P_A}{f}=\frac{B}{H_A} \quad から \quad P_A=\frac{fB}{H_A}$$

$$\frac{P_B}{f}=\frac{B}{H_B} \quad から \quad P_B=\frac{fB}{H_B}$$

視差差　$\Delta P=P_A-P_B=\dfrac{fB}{H_A}-\dfrac{fB}{H_B}=\dfrac{fB(H_B-H_A)}{H_A H_B}$

$H_A=H_B-\Delta H$ であるから

$$\Delta P=\frac{fB\Delta H}{H_B(H_B-\Delta H)}=\frac{fB\Delta H}{H_B{}^2(1-\Delta H/H_B)}$$

ここに，$\Delta H \ll H_B$ より，$\dfrac{\Delta H}{H_B}≒0$ となる。

実習 27　実体鏡を利用した写真測量の基礎

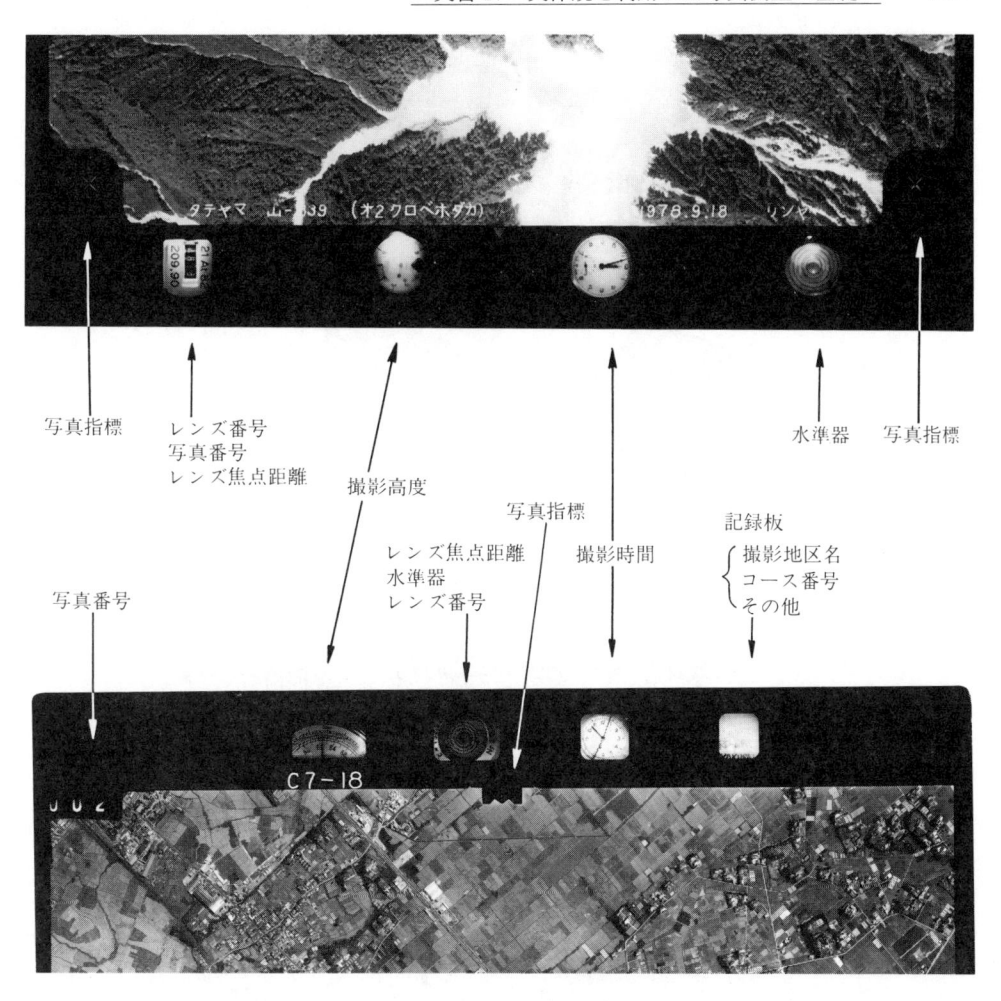

図 27.1　航空写真の記録

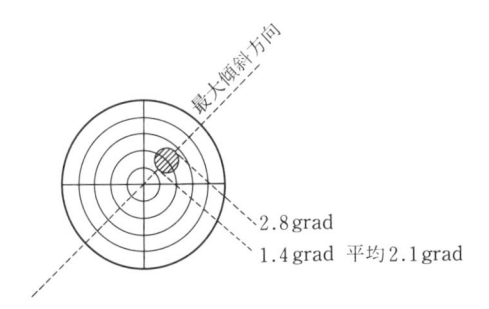

図 27.2　水準器のグラード目盛

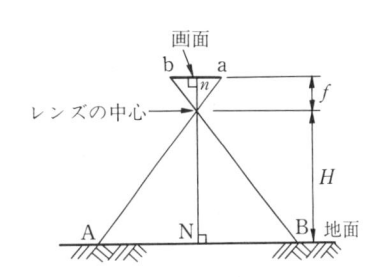

図 27.3　鉛直写真の縮尺

XII. 写 真 測 量

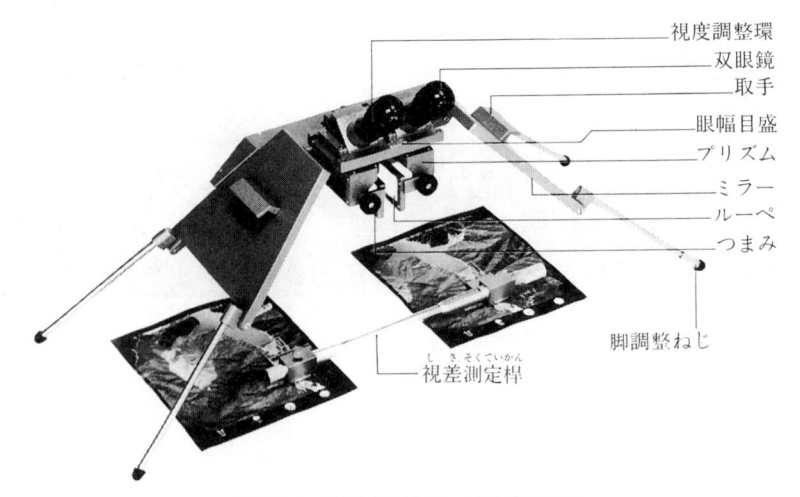

図27.4 反射式実体鏡と視差測定桿[10]

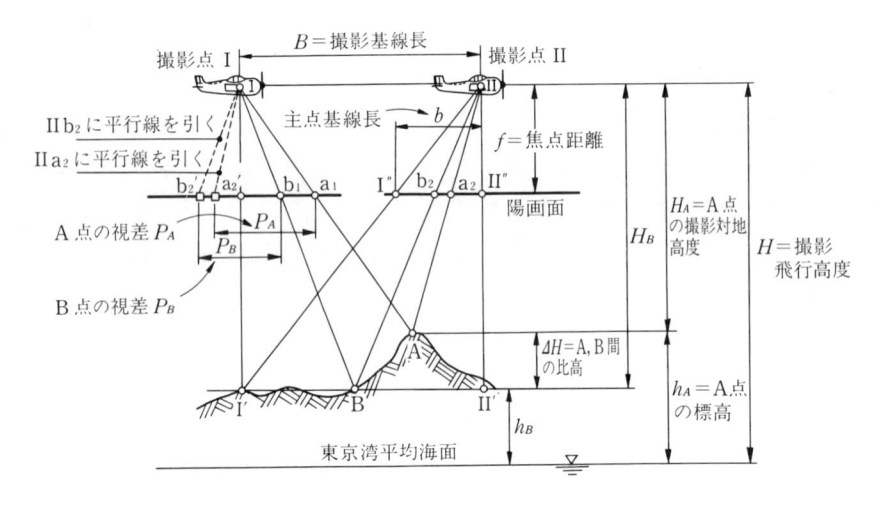

図27.5 2点A，B間の比高 ΔH の求め方[11]

$$\Delta P = \frac{fB\Delta H}{H_B{}^2}, \qquad \therefore \Delta H = \frac{H_B{}^2 \Delta P}{fB}$$

この場合，H_B は撮影高度であるから，これを H とすれば，$H/B = f/b$ であるので

$$\Delta H = \frac{H}{f} \cdot \frac{H}{B} \cdot \Delta P = \frac{H}{f} \cdot \frac{f}{b} \cdot \Delta P = \frac{H}{b} \cdot \Delta P$$

これによって視差差 ΔP と撮影高度 H，主点基線長 b がわかれば，比高 ΔH が求まる。

（6） 航空写真を用いて地図などを作成するのが図化機であり，これにはモデルの再現を物理的（アナログ的）に行う光学的・機械的投影型図化機と，数学的（ディジタル的）に行う解析図化機がある。後者が最近多くなってきており，写真座標を測定して直ちにコンピュ

ータで座標計算して図化を行うものであり，図化・編集・原図作成の一貫システムをディジタルマッピング（digital mapping，数値図化編集システム）と呼んでいる。また，このディジタルマッピングは，写真測量による地図作成の一手法にとどまらず，既存の地図情報を数値化したディジタル地図データの作成にも重要な役割を果たしている。ディジタル地図データは，都市計画や施設管理など幅広い分野で利用できる GIS に不可欠である（口絵，【実習 24】および【巻末資料 2】参照）。

[実　習]

〔使用器具〕　反射式実体鏡一式，直定規 1 本，粘着テープ，航空写真（連続もの）2 枚，測量針 1 本，赤鉛筆（各自が用意）

〔実習手順〕

（1）　連続した航空写真 2 枚から，次の事項を行う。

① 連続写真の重複度〔％〕を調べる。

② 航空写真の位置状況（道路・田畑・林地・住宅地・鉄道・工場・学校・河川など）をスケッチする。

③ 航空写真の中から，撮影時刻，焦点距離，撮影高度，カメラ番号，写真縮尺などを読み取る。

④ 写真の最大傾斜方向（進行方向に対する概略の方向角度）と傾きを把握する。

⑤ 撮影時の天候や季節について，航空写真の状況から判断する。

⑥ その他，気が付いた事項，例えば，道路上の自動車が 2 枚目の写真では位置が動いているとか，煙突の煙から風向がわかる。

（2）　反射式実体鏡による実体視

① 図 27.6 のように，写真上の指標を直定規で結び，その交点を主点とする。左側写真における主点を P_1（左主点），右側写真における主点を P_2（右主点）として，右側写真上で P_1 に対応する点を P_1'，左側写真上で P_2 に対応する点を P_2' とする。P_1，P_2，P_1'，P_2' とも測量針の先で小穴をつける。

② 写真上の線 P_1P_2'（左側写真）と線 $P_1'P_2$（右側写真）の長さを測定し，主点基線長 $b=(P_1P_2'+P_1'P_2)/2$〔mm〕を求める。線 P_1P_2' と線 $P_1'P_2$ が一直線上になるように直定規で合わせ，かつ，左右写真の対応点（例えば，線 P_1P_1'）の間隔を約 26 cm にして，粘着テープで写真の四隅を留める。

③ 直定規の線に平行に，組み立てた実体鏡を置き，その双眼鏡をのぞく。立体感を容易に得るためには，左右写真の対応点の間隔を調節するか実体鏡の手前左方の脚を現位置に止め，右方の脚を前後にわずかずつ動かしてみる。

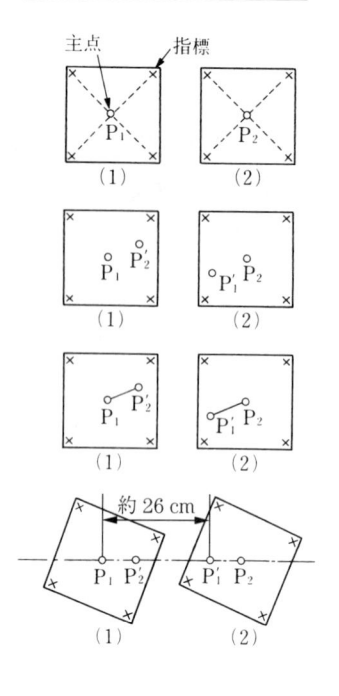

① 写真主点を決める。
　図のように四隅にある指標を結び，主点 P_1, P_2 を求める。測量針で軽く刺して鉛筆で丸くマークする。

② 主点を移写する。
　測量針で突いた主点の位置をおたがいに，相手の写真上に求める。この P_1', P_2' を移写点という。

③ 主点基線を引く。
　各写真上に主点間を結ぶ線を薄く引く。この線 $P_1 P_2'$, 線 $P_1' P_2$ を主点基線長という。

④ 基線を一直線にそろえる。
　(1), (2)の写真上の基線を一直線上にそろえる。この状態で実体鏡を載せて実体視できるように間隔を調整する。
　(1), (2)の写真を粘着テープで固定する。これらの作業を写真の標定という。

図 27.6　反射実体鏡による実体視の方法

(3)　次に比高の測定を以下の手順で行う。

① 視差測定桿（ステレオメーター）の左右のガラス板に三つの種類の測標がついている。この測標を，測定しようとする地点に両方あてがい，そのときの目盛りを読むようになっている。測標は，写真面の状態により見やすいものを選ぶ。

② 目盛りは右側のマイクロつまみ1回転で1mm移動する。マイクロつまみには20等分に目盛が刻まれているので1目盛 0.05 mm まで読めるが，目測で 0.01 mm まで読む。

③ 写真上のある二つの地点の視差差から比高を求めてみよう。比高を求めたい点 A, B（例えば，校庭と煙突，道路と山頂など）を，図 27.7 のように，右側写真に赤鉛筆で小さくマークする。視差測定桿のマイクロつまみを回し，20 mm の位置に合わせておく。右方測標を右側写真の A 点上に置く。

④ 実体鏡双眼鏡をのぞき，視差測定桿が真下に見えるように実体鏡を平行移動する。左側写真の A 点上に左側測標を合わせる。この場合，左側の止めねじをゆるめ，左手の指で右側の目盛盤を押さえながら，右手の指で右側のマイクロつまみを回して測標を A 点上に合致させ，止めねじを締める（図 27.8）。そのときの目盛 P_A を読み取る。

⑤ 次に，B 点に視差測定桿を移動し，双眼鏡で右方の測標を B 点上に合わせ，目盛盤を押さえながら右側マイクロつまみを回して左方の測標を B 点上に合わせて実体視す

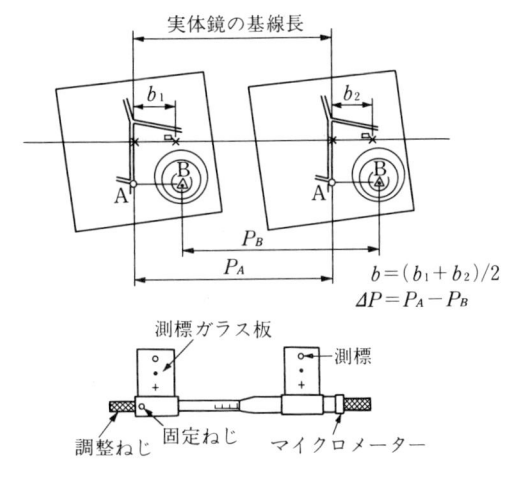

実習 27 実体鏡を利用した写真測量の基礎　　127

$b = (b_1 + b_2)/2$
$\Delta P = P_A - P_B$

図 27.7　視差測定桿による視差差の測定

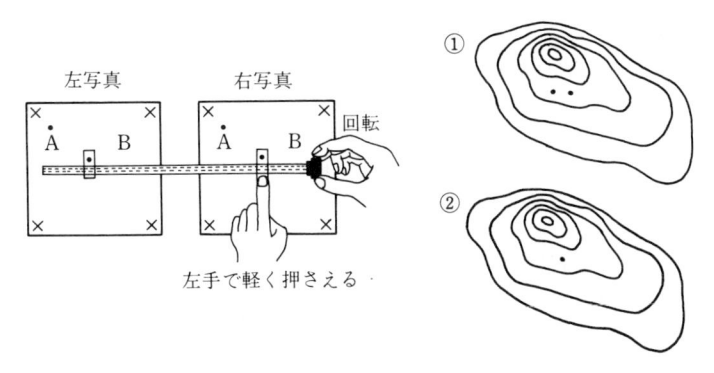

① のぞいたときの図，実体視された像に左右の測標が二つ見える。
② 右側のマイクロつまみを回すと片方の測標が左右に移動するので，立体モデル上で合致させる。

図 27.8　視差測定桿の測標の合致

る。そのときの目盛 P_B を読み取る。

⑥ ΔP〔mm〕$= P_A - P_B$ を計算し，主点基線長 b〔mm〕と撮影高度 H〔m〕より，点 A，B 間の比高 ΔH〔m〕を求める。

（4）実習終了後は，反射鏡面をきれいにし，実体鏡をチェックしながら格納する。

レポート

（1）実習（1）の内容を【データシート 30】にまとめよ。
（2）主点基線長 b および 2 点 A，B 間の比高等について【データシート 31】に記せ。

XII. 写真測量

演習

（1） 高度 2,000 m の飛行機から，真下に向けて焦点距離 150 mm のレンズの付いたカメラで撮影した場合，長さ 40 m の橋はいくらに写るか。

（2） 焦点距離 15 cm のレンズで，高度 1,500 m から写した写真の縮尺はいくらか。ただし，その地点の標高は 100 m とする。

（3） 焦点距離 15 cm で海面高度 3,000 m で撮影した海面上の写真の縮尺はいくらか。また，標高 600 m の山頂の写真縮尺はいくらか。

（4） 反射式実体鏡で一対の航空写真を実体視する場合の写真の標定について，次の①～⑤のうち，正しいと思われるものを選べ。

① 写真の重複部が内側にくるように置く。
② 写真の重複部が外側にくるように置く。
③ 左右の写真の主点基線が一直線上にあるように置く。
④ 左右の写真上の相対応する点が 60～65 mm になるように置く。
⑤ 左右の写真上の相対応する点が 25～30 mm になるように置く。

（5） 高度 6,500 m で撮影した連続する 2 枚の写真中で，2 点 A，B の主点基線長がそれぞれ 69 mm，71 mm，視差がそれぞれ 132.55 mm，131.18 mm であった。2 点 A，B 間の高低差はいくらか。

（6） 飛行高度 6,350 m，写真 I の主点基線長 68 mm，写真 II の主点基線長 70 mm であるとき，視差差 1.37 mm の崖の高低差〔m〕はいくらか。

（7） 一対の鉛直写真において視差測定桿を用いて視差を測定した結果，A 点の読みが 16.68 mm，B 点の読みが 15.88 mm であった。A 点の高さが 174 m，B 点の高さが 54 m とすれば，100 m の高さの点を求めるためには視差測定桿の読みの値をいくらにしておけばよいか。

【巻末資料1】 数 学 公 式

（1） 三角関数

$\sin \alpha = \dfrac{BC}{AC} = \dfrac{a}{b}$（正弦）　　$\cos \alpha = \dfrac{AB}{AC} = \dfrac{c}{b}$（余弦）　　$\tan \alpha = \dfrac{BC}{AB} = \dfrac{a}{c}$（正接）

$\cot \alpha = \dfrac{1}{\tan \alpha} = \dfrac{AB}{BC} = \dfrac{c}{a}$　　$\sec \alpha = \dfrac{1}{\cos \alpha} = \dfrac{AC}{AB} = \dfrac{b}{c}$

$\operatorname{cosec} \alpha = \dfrac{1}{\sin \alpha} = \dfrac{AC}{BC} = \dfrac{b}{a}$

$\tan \alpha = \dfrac{\sin \alpha}{\cos \alpha}$　　$\cot \alpha = \dfrac{\cos \alpha}{\sin \alpha}$　　$\sin^2 \alpha + \cos^2 \alpha = 1$

$1 + \tan^2 \alpha = \sec^2 \alpha$　　$1 + \cot^2 \alpha = \operatorname{cosec}^2 \alpha$

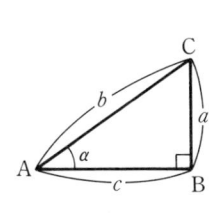

象限	sin	cos	tan	cot	sec	cosec
I	+	+	+	+	+	+
II	+	−	−	−	−	+
III	−	−	+	+	−	−
IV	−	+	−	−	+	−

（2） 対数関数

$y = \log_a x \rightarrow a^y = x$

$\log_e x$：自然対数（$e = 2.718\,281\,8$：自然数）　　$\log_{10} x$：常用対数

$\log_a b = \dfrac{\log_e b}{\log_e a} = \dfrac{\log_{10} b}{\log_{10} a}$　　$\log a^b = b \cdot \log a$

$\log(ab) = \log a + \log b$　　$\log\left(\dfrac{a}{b}\right) = \log a - \log b$

（3） 三角形の性質

正弦定理：$\dfrac{a}{\sin A} = \dfrac{b}{\sin B} = \dfrac{c}{\sin C} = 2R$,　　R：外接円の半径

第一余弦定理：$a = b \cos C + c \cos B$
$\qquad\qquad\quad b = c \cos A + a \cos C$
$\qquad\qquad\quad c = a \cos B + b \cos A$

第二余弦定理：$a^2 = b^2 + c^2 - 2bc \cos A \rightarrow A = \cos^{-1}\{(b^2 + c^2 - a^2)/2bc\}$
$\qquad\qquad\quad b^2 = c^2 + a^2 - 2ca \cos B \rightarrow B = \cos^{-1}\{(c^2 + a^2 - b^2)/2ca\}$
$\qquad\qquad\quad c^2 = a^2 + b^2 - 2ab \cos C \rightarrow C = \cos^{-1}\{(a^2 + b^2 - c^2)/2ab\}$

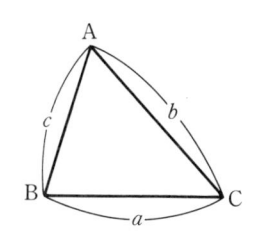

面　　積　：$S = \frac{1}{2}bc\sin A = \frac{1}{2}ca\sin B = \frac{1}{2}ab\sin C$

$$S = \sqrt{s(s-a)(s-b)(s-c)}, \quad s = \frac{1}{2}(a+b+c) \quad (\text{ヘロンの公式})$$

$$S = \frac{a^2 \sin B \sin C}{2\sin(B+C)} = \frac{b^2 \sin C \sin A}{2\sin(C+A)} = \frac{c^2 \sin A \sin B}{2\sin(A+B)}$$

（4） 多角形の性質

　　内角の和：$180°(n-2)$，n：内角数

　　面　　積：$\frac{1}{2}|\sum x_i(y_{i+1}-y_{i-1})|$，　　$(x_i,\ y_i)$：頂点座標

　　　$\frac{1}{2}|\sum (y_{i+1}+y_i)(x_{i+1}-x_i)|$

（5） 面積と体積

	面積または表面積	体　積
長方形	ab	—
台　形	$\frac{1}{2}(a+b)h$	—
円	πr^2	—
球	$4\pi r^2$	$\frac{4}{3}\pi r^3$
円　柱	$2\pi r(r+h)$	$\pi r^2 h$
円　錐	$\pi r(\sqrt{r^2+h^2}+r)$	$\frac{1}{3}\pi r^2 h$

（6） 角度変換

　　$1\,\text{rad}(\text{ラジアン}) = 180°/\pi = 57.295\,8°\ (:\rho°) = 3\,437.75'\ (:\rho') = 206\,265''\ (:\rho'')$

　　$1\,\text{grad}(\text{グラード}) = 90°/100 = 0.9°$

【巻末資料2】 国土数値情報

データの種類			データの内容	形式
自然的条件	海岸線	海岸線	海岸線の位置座標(市区町村別,管理者別,海岸区分別)	位置座標(線)
		海岸線延長	各三次メッシュ内の海岸線の市区町村別,管理者別,海岸区分別延長	メッシュ
	地形	山岳	山頂の標高値,山名	〃
		傾斜量	各三次メッシュの最大・最小傾斜方向(8方向表示)と傾斜度(各三次メッシュ内の16点の傾斜量を,各点とその周囲の標高値から計算し,最大・最小のものを選ぶ)	〃
	土地分類	表層地質	各三次メッシュの岩石区分(40分類),硬さ,地質時代,断層有無	〃
		地形分類	各三次メッシュの地質分類(24分類)	〃
		土壌	各三次メッシュの土壌分類(49分類)	〃
		谷密度	各2倍統合メッシュの谷密度(2倍統合メッシュの区画線を切る谷線の個数)	〃
	湖沼	湖沼	短辺100m以上の湖沼(貯水池を含む)水涯線の位置座標	位置座標(線)
		湖沼面積	各三次メッシュ内の各湖沼の面積	メッシュ
	土地利用	土地利用	各三次メッシュ内の土地利用(12分類)	〃
	流域等	河川流路・流域	流路・流域,水文観測所等の位置座標等	位置座標(点・線)
施設等	道路	道路	道路および関連施設の位置座標等	位置座標(点・線)
		道路密度	幅員別の道路密度(三次メッシュの区画線を切る道路の本数)	メッシュ
	鉄道	鉄道	鉄道および関連施設の位置座標等	位置座標(点・線)
	公共施設	公共施設	各種公共施設の位置座標,名称,住所等	位置座標(点)
法規制指定等	行政界	行政界	市区町村の境界線の位置座標	位置座標(線)
		市区町村面積	各三次メッシュ内の各市区町村の面積	メッシュ・位置座標
	指定地域	開発振興	首都圏,中部圏,近畿圏,過疎地域,工業再配置誘導地域,新産業都市,工業開発地区,豪雪地帯,特殊土壌地帯,台風常襲地帯,振興山村,離島振興地域,農業振興地域,地方生活圏広域市町村圏の指定について各三次メッシュごとの指定の有無	〃
		都市計画	各三次メッシュ内の都市計画区域,市街化区域および市街化調整区域面積	〃
		自然環境保全	首都圏,中部圏,近畿圏の保全区域,国立公園,国定公園,都道府県立自然公園,原生自然環境保全地域,自然環境保全地域の指定について,各三次メッシュごとの指定の有無	〃
	文化財	文化財位置	史跡,名勝,天然記念物および埋蔵文化財の位置座標	位置座標(点)
		文化財散布度	各三次メッシュ内における文化財が所在する1/10細分方眼数の割合	メッシュ
その他	地価公示	地価公示	地価公示標準地の位置および公示地価等	位置座標(点)

【巻末資料3】 地 図 記 号 (1/25,000 地形図)

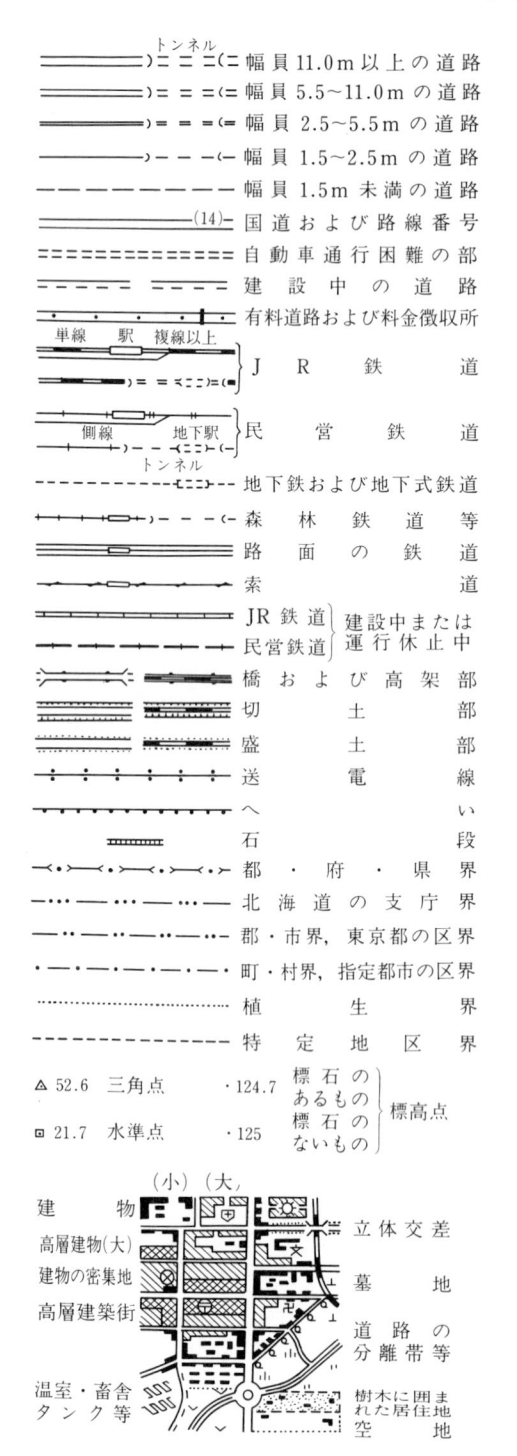

＝＝＝＝＝）＝＝＝（＝ トンネル	幅員11.0m以上の道路
＝＝＝＝）＝＝＝（＝	幅員5.5〜11.0mの道路
――――）＝＝＝（―	幅員2.5〜5.5mの道路
――――)―――(―	幅員1.5〜2.5mの道路
――――――――	幅員1.5m未満の道路
―――(14)―――	国道および路線番号
＝＝＝＝＝＝＝＝	自動車通行困難の部
＝＝＝＝＝＝＝＝	建設中の道路
―・―・―・―	有料道路および料金徴収所
単線 駅 複線以上	JR鉄道
側線 地下駅 トンネル	民営鉄道
------------	地下鉄および地下式鉄道
―＋―＋―＋―	森林鉄道等
――――――――	路面の鉄道
―○―○―	索道
JR鉄道 民営鉄道	建設中または運行休止中
	橋および高架部
	切土部
	盛土部
	送電線
	へい
	石段
―・―・―・―	都・府・県界
―・・―・・―	北海道の支庁界
―・・・―・・・―	郡・市界，東京都の区界
――――――	町・村界，指定都市の区界
・・・・・・・・	植生界
――――――――	特定地区界
△ 52.6 三角点 ・124.7 標石のあるもの	標高点
□ 21.7 水準点 ・125 標石のないもの	

記号	名称	記号	名称
◎	市役所／東京都の区役所	⊕	病院
○	町・村役場／指定都市の区役所	〒	神社
⚬	官公署（特定の記号のないもの）	卍	寺院
		⌂	高塔
⚖	裁判所	⌂	記念碑
◇	税務署	⌂	煙突
✶	営林署	⌂	電波塔
T	測候所	⌂	油井・ガス井
⊗	警察所	※	灯台
X	駐在所・派出所	⌒	坑口・洞口
Y	消防署	⌂	城跡
⊕	保健所	∴	史跡・名勝・天然記念物
⊖	郵便局	⌂	噴火口・噴気口
☎	電報・電話局	♨	温泉・鉱泉
☐	自衛隊	✕	採鉱地
☼	工場	⌂	採石地
✿	発電所・変電所	⚓	重要港
★	小・中学校	⚓	地方港
⊗	高等学校	⚓	漁港
(大)(専) 文 文	大学・高専		

田		広葉樹林	
畑・牧草地		針葉樹林	
果樹園		はいまつ地	
桑畑		竹林	
茶畑		笹地	
その他の樹木畑		しゅろ科樹林	
		荒地	

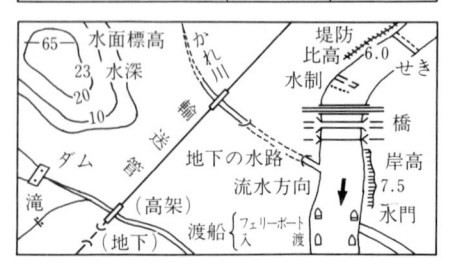

（小）（大）
建物　立体交差
高層建物(大)　墓地
建物の密集地　道路の分離帯等
高層建築街
温室・畜舎　樹木に囲まれた居住地
タンク等　空地

水面標高　堤防
比高 6.0
水深　水制
せき
橋
ダム　地下の水路
流水方向
岸高 7.5
滝　（高架）　水門
渡船　フェリーボート
（地下）　入渡

【巻末資料4】 地図記号の書き方

区分	名称	記号 1/500	線号	区分	名称	記号 1/500	線号
基準点	三角点	△ 37.21	4	建物記号	警察署		4
	水準点	⊡ 37.211	2		工場		4
	多角点等	⊙ 14.83	4		発電所		4
道路	道路		3	植生	植生界		4
	徒歩道		6		田		2
	庭園路等		3		畑		2
	石段		3・6		広葉樹林		2
	横断歩道橋		3		針葉樹林		2
橋	永久橋		3		荒地		2
	木橋		3	河川	河川		2・4
鉄道	普通鉄道		6		細流		2〜6
	高架部		6		用水路		2・4
建物	建物		3	構囲	ブロックへい		6
	堅ろう建物		6		生垣		3
建物記号	神社		4	場地	材料置場		4
	寺院	卍	4		城,城跡		4
	学校	文	4	等高線	主曲線		2
					計曲線		4
	病院		4		補助曲線		2

注) 線の太さ　1号線　0.05 mm　2号線　0.10 mm　3号線　0.15 mm　4号線　0.20 mm
　　　　　　5号線　0.25 mm　6号線　0.30 mm

【巻末資料5】 チルチングレベルとオートレベルの取扱い方法

1. チルチングレベル（SOKKIA TTL 6）
(1) 各部の名称（参図1）

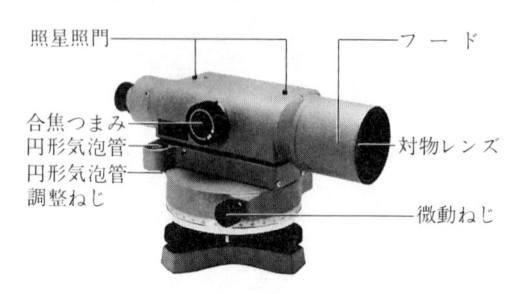

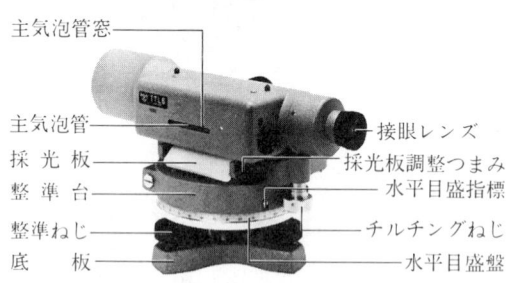

- 望遠鏡　像　　　　　　　　正
　　　　　倍率　　　　　　　25倍
　　　　　分解力　　　　　　3″
　　　　　視界　　　　　　　1°15′
　　　　　最短合焦距離　　　1.8 m
　　　　　スタジア乗数　　　100
　　　　　スタジア加数　　　+5 cm
- 気泡管　主気泡管感度　　　40″/2 mm
　　　　　円形気泡管感度　　10′/2 mm
- 1 km 往復標準偏差　　　　 ±2 mm

参図1 チルチングレベルの各部の名称と性能[13]

(2) 器械のすえつけ方法
① 三脚バンドをはずし、伸縮脚の蝶ねじをゆるめる。
② 脚頭をアゴの下あたりまで持ち上げ、脚を垂直に地面まで伸ばし、ほぼ等長になるようにして蝶ねじを締める。
③ 三脚は安定のよい形に開き、脚頭は測点上でほぼ水平にしてから、レベルを載せて視準しやすい高さに調節する。脚先は正三角形になるように広げる。
④ 脚頭がほぼ水平になっていることを確認しながら、脚の1本ずつに体重をかけて十分に踏み込む（参図2）。地盤の軟弱なところでは踏込み不十分のことがあり、このようなときは脚先の位置に木杭を打ち込むなどしてレベルが狂わないようセットする。

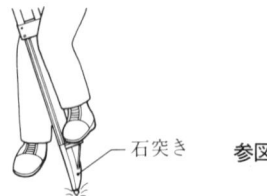

参図2 三脚の固定方法[14]

⑤ 器械を正常な状態にする。整準ねじを同じ高さにするために、指標線につまみの上面を合わせる。これで整準ねじの可動範囲の中点にもってきたことになる。また、チルチングねじ部

のつまみ側指標と固定指標線を合致させる。これらの操作によって視軸と縦軸は直交したことになる（**参図 3**）。

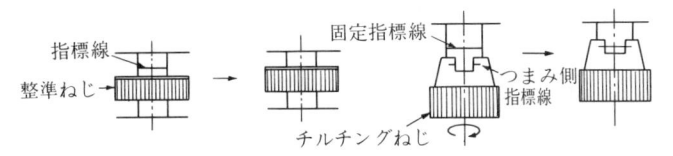

参図 3 チルチングレベルのねじの回し方[13]

⑥ 定心かんを少しゆるめ，本体の底板を両手でつかみ，脚頭上を滑らせると脚頭が球面になっているので，球面を本体が滑るようになる（**参図 4，参図 5**）。

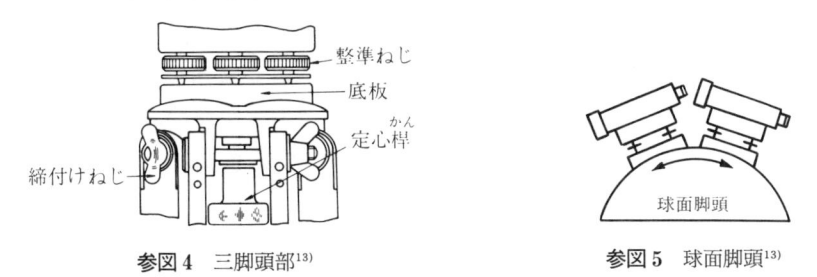

参図 4 三脚頭部[13]

参図 5 球面脚頭[13]

⑦ 球面上を滑らせながら，円形気泡を見て，ほぼ中央に入れ，定心桿で本体を固定する（**参図 6**）。

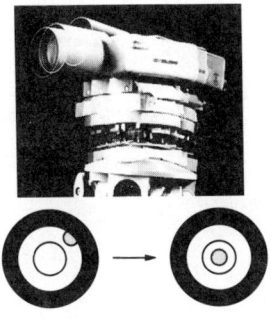

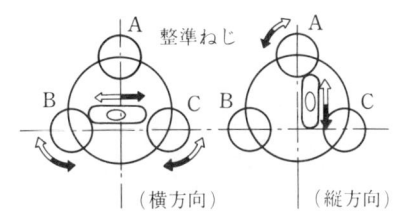

（横方向）整準ねじ B，C に対して平行に気泡管を置き，B，C で気泡を調整
（縦方向）B，C に関係なく，A の整準ねじだけで調整

参図 6 円形気泡管の水準方法[13]

参図 7 左親指の法則による整準

⑧ 左親指の法則で本体を水平にする（**参図 7**）。

（3）視準手順

① 接眼部をのぞきながら十字線が明瞭に見えるように接眼部のつまみを回し，自分の目に合わせる（**参図 8**）。

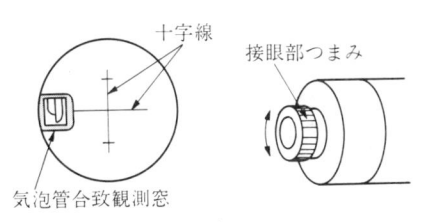

参図 8 十字線のピント合わせ[13]

② 照星照門によってほぼ視準方向を視準し，合焦つまみを回転させて目標にピントを合わせ，次に微動ねじで正確に目標を視準する（**参図9**）。
③ 整準ねじで円形気泡管を完全に水平にする。
④ 視野の左側に合致気泡管が見えるとき，採光板は気泡が最も明るく見える位置に調整する。円形気泡管が中央にあれば，合致気泡管は(ア)のように見える。この場合，チルチングねじを用いて気泡の両端を(イ)のように合致させる（**参図10**）。(ア)のように左の気泡が短く見えた場合はチルチングねじを左に回して，(イ)のように合致させる。右の気泡が短く見えた場合，右に回せば(イ)のように合致する。もし，(ウ)の場合には右（暗い方）にチルチングねじを回して合致させる。

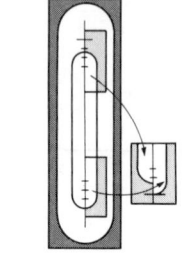

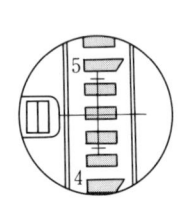

参図9 標尺の視準[13] 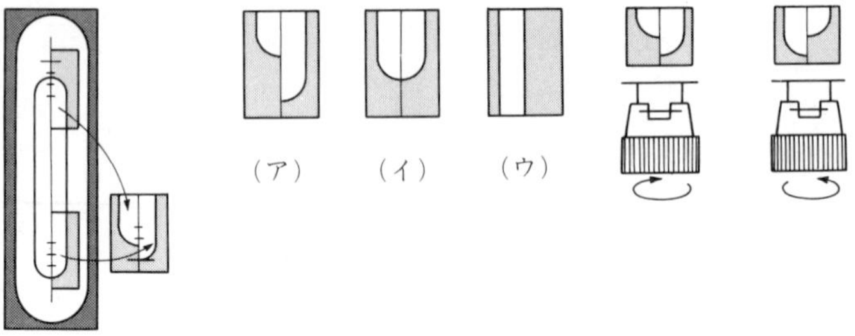　　**参図10** 主気泡管内の気泡の合わせ方[13]

⑤ これで完了。あとは、どこを視準してもチルチングねじで気泡を合致させればレベルが出る。

2．オートレベル（SOKKIA B 2_0）
（1）　各部の名称（**参図11**）

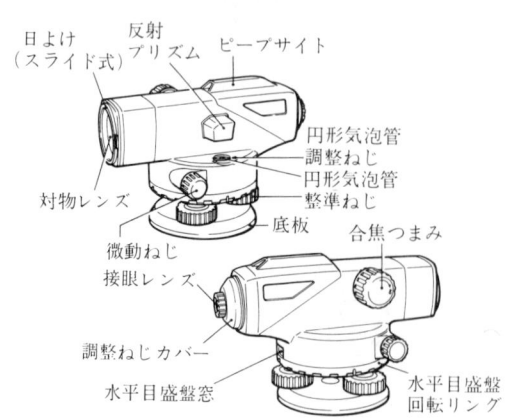

- 望遠鏡　像　　　　　　　　正
　　　　倍率　　　　　　　32倍
　　　　視界　　　　　　　1°20′
　　　　分解力　　　　　　3″
　　　　最短合焦距離　　　0.3m
　　　　スタジア乗数　　　100
　　　　スタジア加数　　　0
- 気泡管　円形気泡管感度　10′/2mm
　　　　自動補償範囲　　　±15′
- 1km往復標準偏差　　　　±1.0mm

参図11 オートレベルの各部の名称と機能[14]

(2) 器械のすえつけ方法
① 三脚の下部のバンドをはずし，固定ねじをゆるめる。
② 三脚の脚先を閉じたまま地面につけ，脚頭が目の高さになるまで脚を伸ばし，固定ねじを締める。
③ 脚先が正三角形になるように三脚を広げる。
④ 脚頭をほぼ水平にしてから，石突きを踏み込み，三脚をしっかりとすえつける。
⑤ 器械を脚頭にのせ，定心桿で固定する（**参図12**）。

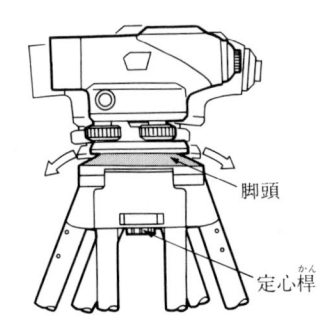

参図12 定心桿による器械の固定[14]

⑥ 球面脚頭の場合，定心桿を少しゆるめ，底板を両手で持って，脚頭上を滑らせ，円形気泡管の○内に気泡を導く。
⑦ 定心桿を締める。
⑧ 整準ねじを回して，気泡を○の中央に入れる。

(3) 視準手順
① ピープサイトを使って，対物レンズを目標物に向ける。
② 接眼レンズを徐々に引き出しながら，焦点板十字線がぼける寸前で止める。光が強すぎるときは日除けを使う。
③ 微動ねじを回して視野の中央近くに目標物を入れ，合焦つまみを回して目標物にピントを合わせる（**参図13**）。

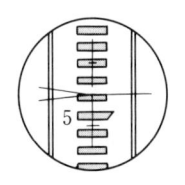

参図13 標尺の視準[14]

④ 望遠鏡をのぞきながら目を少し上下左右にふってみる。
⑤ 目標物と十字線が相対的にずれなければ測定準備完了。ずれる場合は，②から合わせ直す。

【巻末資料6】 セオドライトのすえつけ方法 (SOKKIA-DT5説明書[3]より)

（1） 三脚のすえつけ
① 三脚バンドを外し，伸縮脚の蝶ねじAをゆるめる（**参図14**）。
② 三脚を閉じた状態のまま，脚頭がほぼ観測者の顎の位置にくるように脚を伸ばし，蝶ねじAを締める。
③ 脚頭がほぼ測点上に水平になるようにして，三脚の先端が正三角形になるように拡げる。
④ 脚頭がほぼ水平になっていることを確認しながら，脚の1本ずつに体重をかけて，十分踏み込み，しっかりと三脚を安定させる（**参図15**）。地盤が軟弱なところでは，脚先の位置に木杭を打ち込むと三脚が安定する。

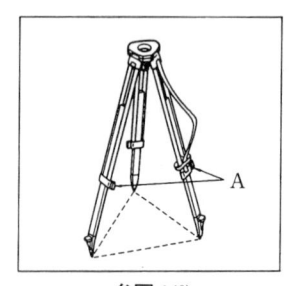

参図14[3] 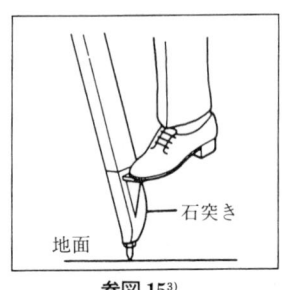　　　　参図15[3]

（2） 脚の伸縮法によるすえつけ・光学垂球による求心作業
① ケースから本体を取り出し，脚頭上に載せ，片手で支柱を支え，機械の底板にある雌ねじを下からのぞきながら脚頭の定心桿をねじ込み固定させる（**参図16**）。

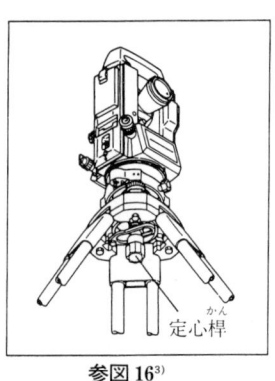

参図16[3] 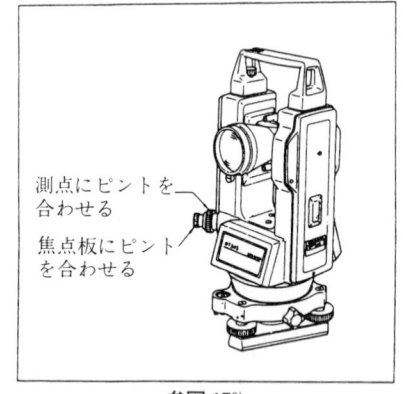　　　　参図17[3]

② 本体を脚頭上にセットしたら，光学垂球接眼レンズの接眼つまみを回し，焦点板の二重丸にピントを合わせ，次に光学垂球合焦つまみを回して測点にピントを合わせる（**参図17**）。
③ 測点が焦点板二重丸の中央に位置するように，整準ねじを回す（**参図18**）。
④ 次に円形気泡管を見て，気泡の寄っている方向，またはその反対の方向に最も近い脚の蝶ねじAをゆるめ，脚の伸縮によって気泡を円の中央に寄せる。さらに他の1本の脚の伸縮によって気泡を中央に入れる。

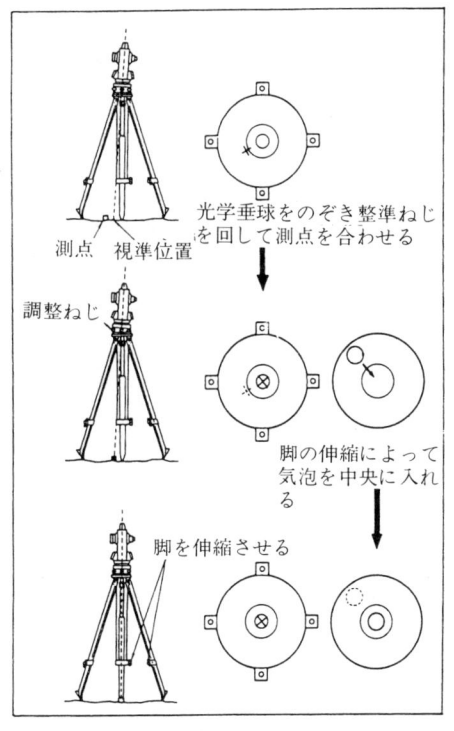

参図 18[3)]

⑤ 円形気泡管の気泡が中央にきたら,次に縦横気泡管を見て,整準ねじで水平にする。
⑥ 再び光学垂球をのぞき,測点の位置を調べる。測点が二重丸の中央にないときは,定心桿をゆるめ,光学垂球をのぞきながら,機械を静かに移動させ,測点を二重丸の中央に入れる。
⑦ 機械を移動させたため,縦横気泡管の気泡が多少ずれることがあるので⑤,⑥の作業は繰り返し行う(底板を指で押して,脚頭上を滑るように平行移動させるとよい)。

(3) 垂球による求心作業　風のない日には,付属の垂球によるすえつけ・求心作業も行える。垂球についている紐(ひも)を伸ばして,参図 19 のように S 字形に通し適当な長さにして定心桿についているフックにつるして使用する。

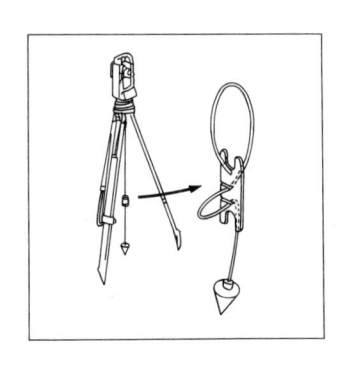

参図 19[3)]

【巻末資料 7】 角度目盛の読み方

（1） バーニヤ式（PENTAX-FM 1 説明書[16]より）　バーニヤ目盛の 0 線が指しているところの本目盛の読みを，20′ 単位で読み取る（**参図 20** の場合，72° と 20′ 目盛が 2 目盛で 72°40′）。本目盛の読取方向（本目盛の増加方向）で，本目盛に最もよく合致したバーニヤ目盛の読みをとる（図の場合，7′ と 20″ 目盛が 2 目盛で 7′40″）。本目盛の読みにバーニヤ目盛の読みを加え，水平角の読みとする（図の場合，72°40′＋7′40″＝72°47′40″）。

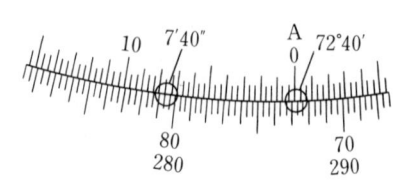

参図 20[16]

① 読取りを行う際は目盛線がはっきり見えるようにルーペの焦点を合わせ，合致線はルーペ視界の中央で観測するようにする。
② 本目盛とバーニヤ目盛はそれぞれ右回りと左回りの読みがとれるように数字が入れてあり，字体の左右の傾きで読取方向を区別してあるので，バーニヤ目盛を読む際には本目盛と同じ方向に傾斜した数字の付いているバーニヤ目盛の読みをとる。
③ 高精度の測角を行うときは A および B バーニヤそれぞれの読みを取り，その平均を測定値とする。

（2） マイクロメーター式（SOKKIA-TM 20 E 説明書[15]より）　マイクロ接眼レンズをのぞくと**参図 21** のように，3 か所の目盛表示窓が見える。上は高度目盛の V 窓（単位・度），下は水平目盛の H 窓（単位・度），右は高度目盛・水平目盛の分秒窓である。

参図 22 は，ある目標物を望遠鏡で視準したときのディジタルマイクロメーターの図である。水平角の読取りの場合，H 窓と分秒窓に注目する。H 窓には中央に固定指標があり，その左右に 205° と 204° の数字と目盛線がある。次にマイクロつまみを回し，205° または 204° の目盛線が固定指標の中央に入るようにする。**参図 23** は以上の操作が完了したときのディジタルマイクロメーターの図である。このとき水平角は 205°3′40″ で，分・秒は右窓の矢形指標先端の数字である。

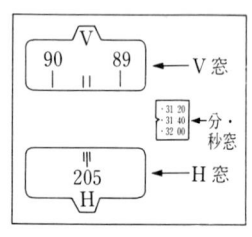

参図 21[15] 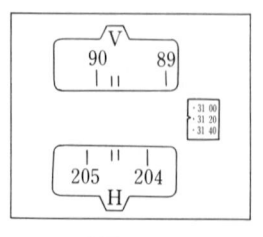　　　　**参図 22**[15] 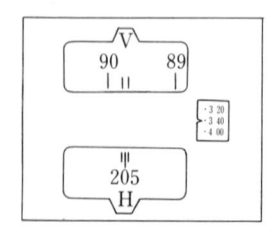　　　　**参図 23**[15]

【巻末資料 8】 GNSS/GPS 測量に関する知識

（1） GPS 測量の実際　　GPS を利用した測量とは，干渉計測位によって既知点から未知点へ至る基線ベクトルを求め，未知点の座標を決定することである[18]。干渉計測位の代表的な例として，スタティック測位とキネマティック測位がある[17]。
① スタティック測位とは，受信機 1 台を座標既知点，他の受信機を未知点にすえ，数十分から数時間データを受信記録し，そのデータを合わせて解析することによって未知点の座標値を決定する方法である。
② キネマティック測位とは，受信機 1 台を座標既知点にすえ，他の受信機は受信を継続しながら多数の未知点間を移動し，既知点設置の受信機（固定局）と他の受信機（移動局）のデータを合わせて解析することにより，未知点の座標を求める方法である（口絵，参図 24）。

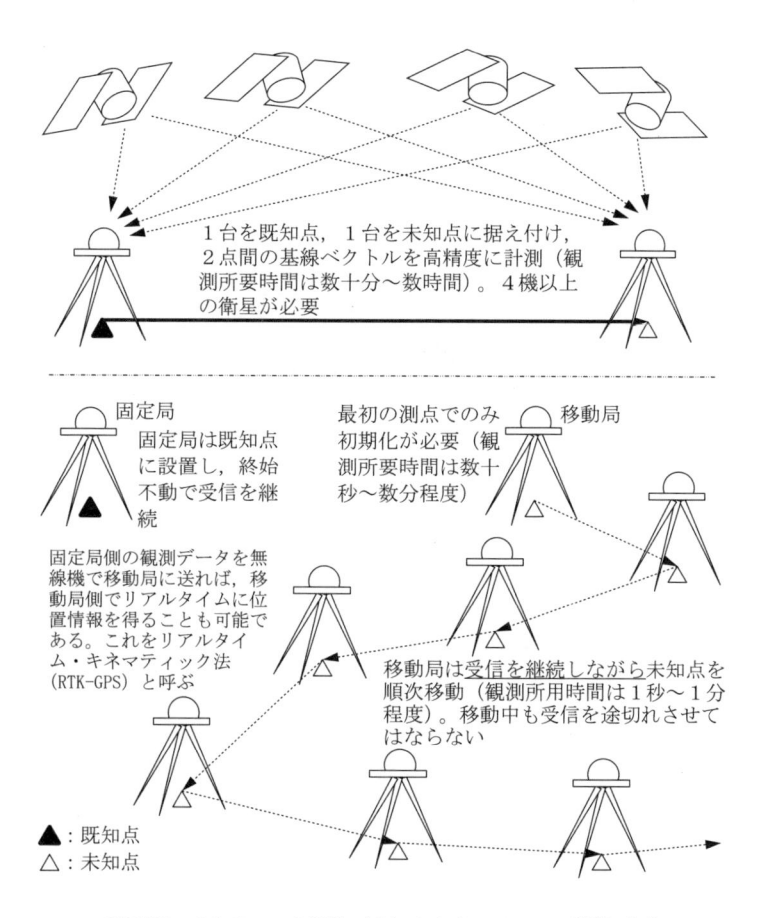

参図 24　スタティック測位（上）とキネマティック測位（下）

（2） GPS受信装置システムの構成例　干渉計測位を行う場合のGPS受信装置システムの構成例を**参図25**に示す。

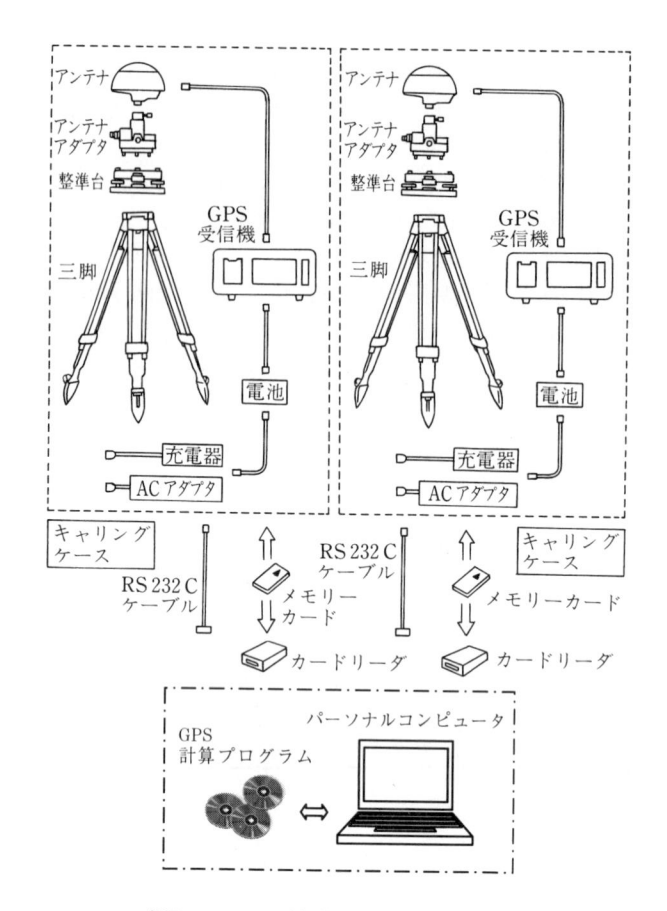

参図25　GPS受信装置システムの構成例[9]

（3） DGPS

① 正確な座標がわかっている参照地点で単独測位を行えば，測定された座標と正確な座標の差は，大部分が共通誤差（衛星の軌道情報の誤差，電離層や対流圏の誤差など）によると考えられる。この差を他の点（未知点）での位置測定結果から差し引けば，共通誤差を除いた精度の高い座標値となる。これがDGPSの原理である（**参図26**）。
② 普通は参照地点で共通誤差に起因する誤差補正情報を作成し，相手の未知点に送る。未知点では，測定した座標から補正情報を差し引いて正確な値を得る。
③ DGPSの誤差補正情報の伝送手段には，船舶用方向逆探知ビーコン電波への相乗り，通信衛星・航海衛星の利用，FM放送との相乗りなどがある。
④ DGPSは，単独測位と同じ感覚で手軽に扱え，価格も数万円台からあり比較的安価である。しかも，その測定精度は単独測位よりも高いことから，今後ますますの利用が見込まれる。

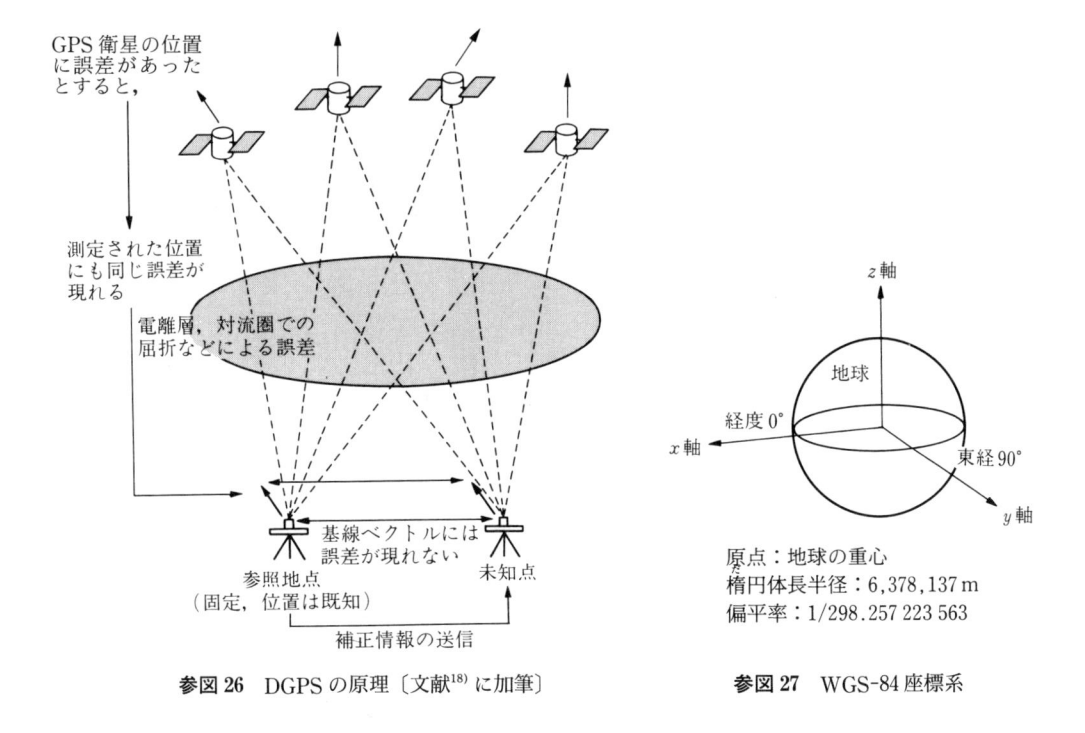

参図26　DGPSの原理〔文献18)に加筆〕

参図27　WGS-84座標系

原点：地球の重心
楕円体長半径：6,378,137 m
偏平率：1/298.257 223 563

（4）　GPS座標系（WGS-84）
① GPSは，WGS-84（World Geodetic System 1984）と呼ばれる座標系に準拠している（**参図27**）。
② WGS-84は各国独自の国家座標系と異なるため，GPSの測位結果をそのまま各国の測地系に取り込むことはできない。このため，WGS-84から各国独自の測地系への変換が必要となる。これらの計算は，一般に受信機に内蔵されるコンピュータが行う。

（5）　GPS連続観測システム[19]　　国土交通省国土地理院では，全国各地の地殻変動監視および各種測量の基準点として利用するため，全国約1,200箇所に「電子基準点」（口絵参照）を設置し，GPSによる連続観測を行っている。公共測量などで，電子基準点の観測データや関連する情報を必要とするユーザーは，インターネット等を通してこれらを使用することができる。

（6）　GPSからGNSSへ　　国土地理院は平成23年3月31日の公共測量作業規定の準則の一部改正（平成23年国土交通省告示第334号）により，準則第21条第4項を以下のとおり定めた（その後，平成25年3月31日に微修正されている）。「GNSSとは，人工衛星からの信号を用いて位置を決定する衛星測位システムの総称で，GPS，GLONASS，Gallileo及び準天頂衛星等の衛星測位システムである。GNSS測量においては，GPS及びGLONASSを適用する」。この改正により，従来から利用されていたGPSに加えて，新たにロシアのGLONASSを利用可能となったことを受けて，GPS測量を内包するより広範な概念の用語としてGNSS測量という用語が用いられるようになってきた。

【巻末資料 9】 固定式（ポーラ型）プラニメーターの利用方法

（1） 極針を図形の外側に置く場合
① プラニメーター格納箱についている定数表の必要な数値を書き写す。
② 測定する図面縮尺に対応する測桿目盛を，固定ねじ，微動ねじ，滑走桿を動かして，指標に合わせる（**参図28**）。

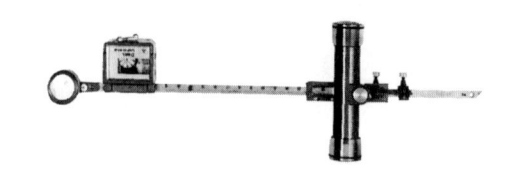

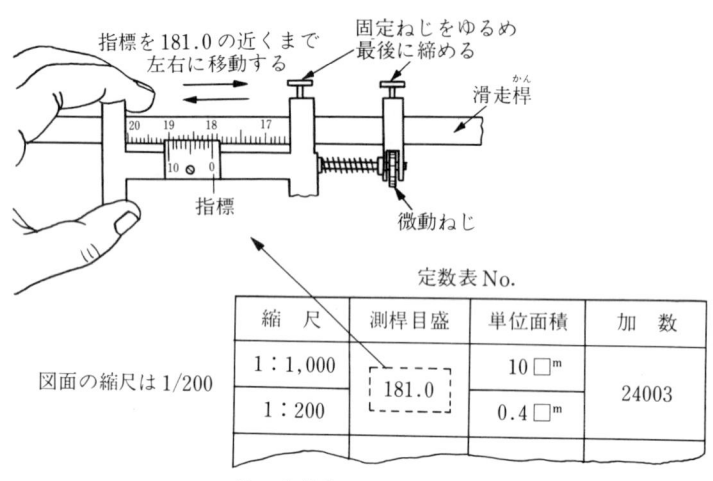

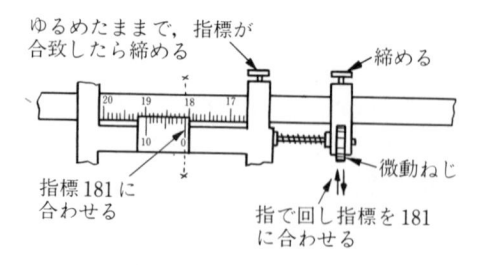

参図28 プラニメーター[20)]

③ 導針あるいはレンズのスタート点を決め，そのときの数字盤と測輪の読み数をとる。まず，右回に一回りして，そのときの読み数をとる（**参図29**）。同様にもう一度繰り返し，次に左回りを2回行い，それぞれの読み数を計算表に記入し，面積を求める（**参表1**）。読み数にあまりばらつきがないようにする。

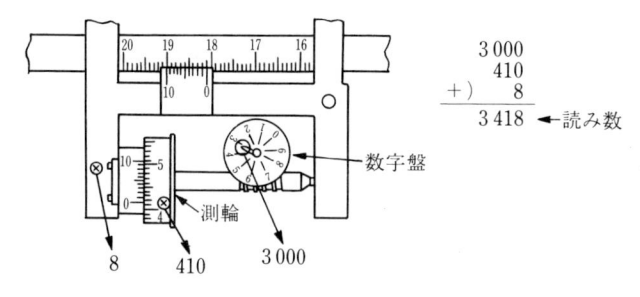

参図 29　目盛の読み方[21]

```
  3 000
    410
+)    8
─────
  3 418  ←読み数
```

参表 1　計算例[21]

方向	回数	読み数			右回りと左回りの平均 n	*		プラニメーター定数 C	面積〔m²〕 Cn
		第1読み数 n	第2読み数 n'	$\|n-n'\|$	平均	ゼロ円加数 n'	$n+n'$		* $C(n+n')$
右回り	1	1 461	1 487	26	27.0				
	2	1 487	1 515	28		───	───	0.4	10.7
左回り	1	4 280	4 253	27	26.5				
	2	4 253	4 227	26					

右回りと左回りの平均: 26.75

＊極針を図形内に置いた場合に使用する。

(2) 極針を図形の内側に置く場合

① 極針を図形内のほぼ中央に置き，上記(1)③の要領で回転数の平均値 n を求め，これに定数表中の加数 (n') を加え ($n+n'$)，これに定数を乗じる。

② 測定中に数字盤の 0 が指標を通過した場合，右回りのときは第 2 読み数に，左回りのときは第 1 読み数に 10,000 を加えて計算する。

③ 極針を図形の内側に置くよりも，図形外に置いて図形を分割して測定し，あとで合計した方が精度上よいといわれている。

【演習シート】 測量の基礎 ［実習1］製図演習

1. 各線分を2本ずつ引きなさい。

    実線（太線）　　：

    実線（細線）　　：

    破線（太線）　　：

    破線（細線）　　：

    一点鎖線（太線）：

    一点鎖線（細線）：

    二点鎖線（太線）：

    二点鎖線（細線）：

2. 数字と文字を指定された書体で書きなさい。

    アラビア数字（直立体）：

    アラビア数字（傾斜体）：

    氏名（カタカナ）：

    氏名（ひらがな）：

    氏名（漢字細等線体）：

【データシート1】 測量の基礎 ［実習1］三斜法による面積計算

【縮尺　1/　　　】

三角形番号	底辺〔m〕	高さ〔m〕	面積〔m²〕
		合計面積	m²

【データシート 2】 距離測量［実習 2］結果の整理

(1) 歩長の測定

測線長〔m〕	歩数		平均歩数	平均歩長〔m〕
	往			
	復			

(2) 目測および歩測

測線	目測〔m〕	歩測			
		回数	歩数	平均歩数	距離〔m〕
		1			
		2			

(3) 巻尺による距離測量

任意区間の巻尺による測定					
測線	測定区間	読定値〔m〕		測定長〔m〕	補正値〔m〕	距離〔m〕
		後端	前端			
	往路					
	復路					
	最確値〔m〕					
	較差〔m〕					
	精度					

補正値の計算：

【データシート3】 距離測量［実習3］結果の整理

(1) 測定結果

測点　　〜測点　　　　　　　　　　　　　　年　　月　　日　　　　　　　天気

使用尺　鋼巻尺			標準張力		標準温度		膨張係数	
			測定張力					
測定者		始読係	終読係	張力計係	張力固定係	温度計係	記帳係	
［往路］								
［復路］								

種別	区間	回数	測定値			実測長〔m〕	備考
			温度〔℃〕	始読〔m〕	終読〔m〕		
往	〜						
復	〜						

(2) 補正計算

種別	区間	回数	温度〔℃〕	実測長〔m〕	温度補正値 C_t〔m〕	張力補正値 C_p〔m〕	たるみ補正値 C_s〔m〕	補正距離〔m〕	結果〔m〕
往	〜								
復	〜								

(3) 結果のまとめ

区間 A〜B	回数	補正距離〔m〕	残差 v	(残差)^2 v^2
往				
復				
平均			合計 $\sum v^2=$	

測線長 L	$L'=$ 特性値による補正量 $C_c=$ $L = L' + C_c =$
確率誤差 r	$r = \pm 0.674\,5 \sqrt{\sum v^2 / \{n(n-a)\}} =$
精度 $1/M$	$1/M = 1/(L/r) =$

150　データシート

【データシート4】 水準測量［実習7］計算結果

昇降式野帳

水準測量野帳　　　　　　　　　　　　　　　　　＿＿＿年＿＿＿月＿＿＿日　　　　天候＿＿＿＿＿
地点＿＿＿＿＿　器械番号＿＿＿＿＿　観測者＿＿＿＿＿　記帳者＿＿＿＿＿

測点	距離〔m〕	累加距離〔m〕	B.S.	F.S.	昇＋	降−	地盤高〔m〕	調整量〔m〕	調整地盤高〔m〕

計

$< 10\sqrt{L} =$

調整量の計算

【データシート 5】 水準測量 ［実習 8］ 計算結果-1

器高式野帳（往路）

水準測量野帳　　　　　　　　　　　　　　　年　　月　　日　　　天候
地点　　　　　　器械番号　　　　　　観測者　　　　　　　記帳者

測点	距離〔m〕	B.S.	器械高〔m〕	F.S.		標高〔m〕	備考
				中間点	もりかえ点		

計

【データシート6】 水準測量［実習8］計算結果-2

器高式野帳（復路）

水準測量野帳　　　　　　　　　　　　　　＿＿年＿＿月＿＿日　　　天候＿＿＿＿
地点＿＿＿＿＿＿　器械番号＿＿＿＿＿＿　観測者＿＿＿＿＿＿　記帳者＿＿＿＿＿＿

測点	距離〔m〕	B.S.	器械高〔m〕	F.S. 中間点	F.S. もりかえ点	標高〔m〕	備　考
計		＿＿＿＿＿			＿＿＿＿＿		

【データシート 7】 水準測量 [実習 8] 計算結果-3

測点	距離 〔m〕	累加距離 〔m〕	往路		復路		備　考
			高低差 〔m〕	標高 〔m〕	高低差 〔m〕	標高 〔m〕	

往復差＝　　　　　　　$<5\sqrt{L}=$

154　データシート

【データシート 8】 水準測量 [実習 8] 計算結果-4

測点	往路			復路			平均標高〔m〕	備　考
	標高〔m〕	調整量〔m〕	調整標高〔m〕	標高〔m〕	調整量〔m〕	調整標高〔m〕		

調整量の計算

【データシート 9】 水準測量［実習 8］（器高式）基本野帳

水準測量野帳　　　　　　　　　　　　　　　　　　　　年　　月　　日　　　　　天候
地点　　　　　　　　器械番号　　　　　　　観測者　　　　　　　　記帳者

測点	距離〔m〕	累加距離〔m〕	B.S.	器械高〔m〕	F.S.		標高〔m〕	調整量〔m〕	調整標高〔m〕	備考
					中間点	もりかえ点				

計　　　　　　　　　　　計

調整量の計算

【データシート10】 角測量［実習9］単測法，倍角法野帳

角測量野帳（単測，倍角）　　　　　年　　月　　日　　天候　　　　

地点　　　　　　器械番号　　　　　　観測者　　　　　　記帳者　　　　

測点	望遠鏡	視準点	倍角数	観測角				測定角〔°　′　″〕	平均角度〔°　′　″〕
				〔°〕	Aバーニヤ〔′　″〕	Bバーニヤ〔′　″〕	平均〔°　′　″〕		

セオドライトを使用した場合には，観測角を「平均」欄に記載

【データシート11】 角測量［実習9］方向法野帳

角測量野帳（方向法）　　　　　　年　　月　　日　　　天候　　　　
地点　　　　　　器械番号　　　　　　観測者　　　　　　記帳者　　　　

測点	輪郭	望遠鏡	視準点	観測角				測定角〔° ′ ″〕	倍角	較差	倍角差	観測差
				〔°〕	Aバーニヤ〔′ ″〕	Bバーニヤ〔′ ″〕	平均〔° ′ ″〕					

測角結果	
角　名	平均角度〔° ′ ″〕

セオドライトを使用した場合には，観測角を「平均」欄に記載
輪　郭：初読の目盛盤の角度
倍　角：同じ目標の1対回に対する正位と反位の読みの秒数和
　　　　ただし，分が異なる場合は同じ分にあわせる
較　差：同じ目標の1対回に対する正位と反位の読みの秒数差
　　　　ただし，分が異なる場合は同じ分にあわせる
倍角差：各対回測定の同一視準点に対する倍角の最大と最小の差
観測差：各対回測定の同一視準点に対する較差の最大と最小の差

【データシート12】 トラバース測量［実習10］観測結果一覧

測　点	測定内角〔° ′ ″〕	測　線	測定距離〔m〕

測線_____　方位角＝_____°_____′_____″

既知点_____　座標＝(____, ____)

概　略　図

【データシート 13】 トラバース測量 ［実習 10］ 計算結果-1

測 点	測定内角 〔° ′ ″〕	調整量 〔″〕	調整内角 〔° ′ ″〕
合 計			

測 線	方 位 角 〔° ′ ″〕	距 離 〔m〕	緯 距 〔m〕	経 距 〔m〕
合 計				

閉合誤差＝＿＿＿＿＿＿＿＿m　　閉合比＝1／＿＿＿＿＿＿＿

【調整量の計算】

【データシート14】 トラバース測量［実習10］計算結果-2

測 線	緯距調整量〔m〕	経距調整量〔m〕	調整緯距〔m〕	調整経距〔m〕
合 計				

測 点	合緯距 (x)〔m〕	合経距 (y)〔m〕

測 点	$y_{i+1} - y_{i-1}$	倍 面 積 $x_i(y_{i+1} - y_{i-1})$
合計		

×0.5

面 積 = ＿＿＿＿＿ m²

【データシート15】 地形測量 [実習12] 計算結果-1

＿＿＿年＿＿月＿＿日

No.	n_1	n_2	$n_1 - n_2$	h 〔m〕	計算値 L' 〔m〕	実測値 L 〔m〕	$(L'-L)/L$ 〔%〕
1							
2							
3							
4							
5							

【データシート16】 地形測量 [実習12] 計算結果-2

器械の番号：　　　　　　　$K =$＿＿＿＿＿, $C =$＿＿＿＿＿, ＿＿年＿＿月＿＿日

No.	距離 D 〔m〕	スタジア読み〔m〕			ll	lD
		上スタジア線	下スタジア線	挟長 l 〔m〕		
1	10					
2	20					
3	30					
4	40					
5	50					
6	60					
7	70					
8	80					
9	90					
10	100					
計	〔D〕=			〔l〕=	〔ll〕=	〔lD〕=

$$K = \frac{n〔lD〕 - 〔l〕〔D〕}{n〔ll〕 - 〔l〕〔l〕}, \quad C = \frac{〔ll〕〔D〕 - 〔l〕〔lD〕}{n〔ll〕 - 〔l〕〔l〕}$$

【データシート 17】 地形測量 [実習 12] 計算結果-3

測点 No.　　　, 器械高＝　　　　　m, 標高＝　　　　　m, 　　　年　　月　　日, 天気：　　
$K=$　　　, $C=$　　　, 観測手：　　　　　, 記帳手：　　　　　, 標尺手：

視準点	スタジア読み [m]			視準高 [m]	角度 [° ′]		計算値 [m]			備考
	上線	下線	l		水平	鉛直	距離	高低差	標高	

【データシート18】 三角測量 [実習14] 計算結果-1

三角形番号	角名	観測角 [° ′ ″]	誤差 ε [″]	調整量 $-\varepsilon/3$	角条件調整角 [° ′ ″]
	計				
	計				
	計				
	計				
	計				

【データシート 19】 三角測量［実習 14］計算結果-2

三角形番号	角 名	角条件調整角〔° ′ ″〕	$\sin A$ / $\sin B$	$\cot A$ / $\cot B$	補正量 v	辺条件調整角〔° ′ ″〕

$L_1 =$ $w =$ 検算：$w =$
$L_2 =$ $v =$ 精度：1／＿＿＿＿

【データシート20】 三角測量 [実習14] 計算結果-3

三角形番号	角 名	調 整 角 〔° ′ ″〕	辺 名 (測線)	辺 長 〔m〕

【データシート21】 三角測量［実習14］計算結果-4

測 点	測点内角 〔° ′ ″〕
合 計	

測 線	方位角 〔° ′ ″〕	辺 長 〔m〕	緯 距 〔m〕	経 距 〔m〕
合 計				

測 点	合緯距 (x) 〔m〕	合経距 (y) 〔m〕

【データシート 22】 三辺測量 [実習 15] 計算結果-1

三角形番号	辺 名 (測線)	辺 長 〔m〕	面 積 〔m²〕	角 名	計算内角 〔° ′ ″〕
				計	
				計	
				計	
				計	
				計	
				計	
		面積合計			

【データシート 23】 三辺測量 [実習 15] 計算結果-2

測 点	測点内角 〔° ′ ″〕
合 計	

測 線	方 位 角 〔° ′ ″〕	辺 長 〔m〕	緯 距 〔m〕	経 距 〔m〕
合 計				

測 点	合緯距 (x) 〔m〕	合経距 (y) 〔m〕

【データシート 24】 路線測量 [実習 16] 計算結果

中心杭 No.	累加距離〔m〕	偏　角〔° ′ ″〕	実際に測定する角度〔° ′ ″〕	備　考

【データシート 25】 路線測量 [実習 18] 縦断測量の計算結果

| 測点 | 累加距離〔m〕 | 後視 B.S. | 前視 F.S. | | 器械高 I.H.〔m〕 | 地盤高 G.H.〔m〕 | 調整量〔m〕 | 調整地盤高〔m〕 |
			もりかえ点	中間点				

【データシート 26】 路線測量［実習 18］横断測量の計算結果

左						測点	右						

【データシート 27】 工事測量 [実習 20] 丁張の設置方法

設置場所＿＿＿＿＿＿　＿＿年＿＿月＿＿日　天候＿＿＿＿　観測者＿＿＿＿＿

①概略平面図

②横断面図を描き，諸量を図中に入れよ

縮尺＝1/＿＿＿＿

【データシート 28】 空間情報技術を用いた測量 ［実習 21］ GPS 受信機を利用した簡単な距離測量

GPS による位置測量		年　　月　　日		天気：

班：　　　　班　　測定者：　　　　　　　　　　　記帳者：　　　　　　　

受信機種：　　　　　　　　　　　

測　　点	測定時刻	緯　　度〔°′″〕	経　　度〔°′″〕	高　　度〔m〕

始点～終点までの距離＊：　　　　　　　　相対高度＊：

概略図：　　　　　　　　　　　　　　　　図面上の距離：

（＊ナビゲーション機能のある場合に測定）

【データシート 29】空間情報技術を用いた測量［実習 22］キネマティック測位

学籍番号（　　　　　　）氏名（　　　　　　　　）班（　　　）
観測日時（　　　）年（　　）月（　　）日（　　）時（　　）分〜（　　）時（　　）分
天気（　　　　）気温（　　　　℃）湿度（　　　％）気圧（　　　　hPa）
採用した準拠楕円体（　　　　　　　　　　　　）

測点	座標〔m〕		KOTEI点との		測位精度	
			距離〔m〕	比高〔m〕	RMS〔m〕	PDOP または RDOP
KOTEI	X=					
	Y=					
	Z=					
IDOU-1	X=					
	Y=					
	Z=					
IDOU-2	X=					
	Y=					
	Z=					
IDOU-3	X=					
	Y=					
	Z=					
IDOU-4	X=					
	Y=					
	Z=					
IDOU-5	X=					
	Y=					
	Z=					
IDOU-6	X=					
	Y=					
	Z=					
IDOU-7	X=					
	Y=					
	Z=					
IDOU-8	X=					
	Y=					
	Z=					
IDOU-9	X=					
	Y=					
	Z=					
IDOU-10	X=					
	Y=					
	Z=					

注）表中の値は小数点以下3けた（mmのけた）まで記入すること

考察

データシート　　175

【データシート30】　写真測量［実習27］実体鏡を利用した写真測量

写真No.	年　　月　　日　天候　　　　観測者		
航空写真の判読	①重複度　　　　　　％	②撮影時刻	③焦点距離　　　　mm
	④撮影高度 $H=$　　　m	⑤カメラ番号	⑥写真縮尺
	⑦その他の情報		
	⑧写真最大傾斜方向と傾き		
	⑨撮影時の天候と季節		
	⑩その他		

写真のスケッチ：

【データシート 31】 写真測量 [実習 27] 実体鏡を利用した写真測量

実体鏡 No._____ ____年___月___日 天候_____ 観測者_____

① $P_1P_2'=$	② $P_1'P_2=$	③ $b=$
④ P_A の読み $=$	⑤ P_B の読み $=$	⑥ $\Delta P = P_A - P_B =$

⑦ 点 A, B 間の比高 $\Delta H =$

⑧ 点 A, B 間の比高を求める式を図示して導出せよ。

引用・参考文献

1) (財)リモート・センシング技術センター：宇宙から地球を見守るリモートセンシング，pp. 1-36 (1997)
2) (株)マイゾックス営業本部企画課：マイゾックス製品情報ガイド (1997)
3) (株)測機舎：電子デジタルセオドライト DT 5 取り扱い説明書 (1987)
4) 西尾レントオール(株)：NISHIO の測量実務の基礎編，p. 9，p. 13 (1996)
5) 村井俊治，高幣祐二郎，須郷文博，関口　武，大嶋稲良，熊澤　茂，高田直樹，武田裕美，真砂洋治：農業測量，p. 31，p. 138，p. 181，実教出版 (1996)
6) 福田仁志，野口正三，関口有方：改著　学習実地　測量講義，p. 213，養賢堂 (1974)
7) 伊庭仁嗣，里見文男，赤崎達也，浅野繁喜，大室英生，小林啓佑：測量 2，p. 56，pp. 80-81，p. 104，p. 106，実教出版 (1997)
8) (財)全国建設研修センター：工事測量現場必携（第 2 版），pp. 128-129，pp. 132-134，森北出版 (1996)
9) (株)ソキア：GPS のおはなし（LEVEL 1），p. 2，p. 14 (1991)
10) 東京光学器械(株)：トプコン反射式実体鏡 3 形取り扱い説明書 (1980)
11) 吉澤孝和：測量実務必携，p. 236，オーム社 (1984)
12) (株)ソキア：測量器械セールスカタログ (1997)
13) (株)ソキア：TTL 6　取り扱い説明書 (1983)
14) (株)ソキア：B 2_0 取り扱い説明書 (1990)
15) (株)測機舎：デジタル読みセオドライト TM 20 E 使用説明書 (1981)
16) 旭精密(株)：トランシット FM-1 取り扱い説明書，p. 10 (1976)
17) (株)ソキア：GPS のおはなし（LEVEL 2），p. 12 (1992)
18) 土屋　淳，辻　宏道：新訂版　やさしい GPS 測量，p. 101，(社)日本測量協会 (1997)
19) 国土地理院：電子基準点提供サービス，http://terras.gsi.go.jp/ja/index.html (2007)
20) 土橋忠則：測量計算の基礎演習（改訂版 2 版），p. 223，東洋書店 (1989)
21) 小田部和司，毛利　昭，伊藤武志，大野俊司，浜谷光昭，稗田岩夫：土木実習 2　測量・施工，p. 133，実教出版 (1995)

索　引

【あ行】

アリダード	17, 18, 51
アリダードスタジア法	52
家まき	24
緯距	46
引照点	78, 87
インバール基線尺	8
ウェービング	31
円形気泡管	134
横断測量	79
横断面図	82, 84
往復差	28
オートレベル	27, 136
オフセット法	24, 110
重み	28
温度補正	12

【か行】

開(放)トラバース	44
角条件	61
確率誤差	12
片勾配	70
下部運動	39
干渉計測位	92, 141
間接距離測量	7
観測差	41
緩和区間	70
器械高	27
器高式	30, 34
疑似キネマティック測位	92
基線	12, 61
基線解析計算	93
基線ベクトル	141
キネマティック測位	92, 95, 141
求心	17, 123
求心誤差	17
教師付き分類	98
教師なし分類	99
挟長	30, 52
曲線始点	69
曲線終点	69
曲線長	69, 70
曲線設置	70
曲線半径	70, 74
許容誤差	17, 27
距離	7
距離測量	7, 39, 51, 66, 91
切土	87
空間情報技術	91
空中写真	122
経距	46
傾斜補正	12
結合差	27
結合トラバース	44
検基線	61
弦長	75
検定公差	7
合緯距	47
合緯距法	3, 47
交角	70, 74
航空写真	122, 123
合経距	47
較差	7, 41
後視	21, 27
降測法	9
高低差	7, 13, 28, 34, 39, 53, 57
交点	70
勾配	81, 82, 84, 87, 88
光波測距儀	3, 12, 13, 38, 66
鋼巻尺	7
誤差補正情報	142, 157
弧長	75
コンパス法則	46

【さ行】

最確値	12, 36
細部測量	17, 24, 50
撮影高度	122, 124
差動GPS	92
三角測量	12, 61, 66
三斜法	2, 85, 110, 111
3級水準測量	30
三辺測量	66
三辺法	2
ジオインフォマティクス	91
視差差	126
視差測定桿	122, 126
視準距離	31
視準線	17, 27
磁針箱	18
始短弦	70, 71
実体鏡	125
実体視	125
地均し高さ	116
地盤高	27, 82
斜距離	3, 7, 13
写真測量	56, 122
十字線	135
縦断面図	81
終短弦	70, 71
縦断測量	78, 79, 80
縮尺	3, 56, 122
主点基線長	124
昇降式	30
照査線	23
照査点	23
上部運動	38
人工衛星	97
シンプソンの公式	95
水準器	17, 122
水準誤差	27, 28
水準測量	27, 78
水準点	27
水平角	125
水平距離	3, 7, 13, 82, 88
数値地図	4, 104
数値標高モデル	104
スタジア加数	30, 52
スタジア線	52
スタジア測量	34, 52
スタジア定数	53
スタジアの原理	52
スタティック測位	92, 141
スラントルール	87
正位	38
正規化植生指標	99
整準	17, 138
整準ねじ	135, 138
セオドライト	13, 38, 52, 73, 115, 138
施工基面	86
繊維製巻尺	7

センサ	98	等高線間隔	56	閉合誤差	21, 46
前　視	21, 27	道線法	17, 21	閉合差	27
前方交会法	24	登測法	9	閉合トラバース測量	44
相対測位	92	道路構造令	70	閉合比	22, 46
総偏角	69	トータルステーション	3, 13, 38	平板測量	17
測量用ロープ	8	土地分割	99, 116	ヘクタモデル	105
【た行】		トラバース	22, 44	ヘロンの公式	2, 66
		トラバース点	57	偏　角	70, 71, 73
台形公式	110	トランシット	38	偏角測設法	73
第二余弦定理	66, 129	トランシット法則	46	辺条件	61
ターゲット	51	土量	82, 110, 114	方　位	46
たるみ補正	12	トンボ	87	方位角	42, 45
短縮スタティック測位	92	【な行】		方眼法	110
単心曲線	69, 73			方向法	38, 41
単測法	38, 39	2級水準測量	34	放射法	17, 24
単独測位	92	日本水準原点	29	歩測	7, 34
地形図	56	ぬき	87	骨組測量	17, 21, 50
地形測量	56, 70	法肩	82	【ま行】	
地性線	57	法勾配	89		
中央縦距	73	法尻	82	マイクロメーター	38, 140
中央断面法	114	法面積	82	巻尺	7, 17, 73, 78, 115
中間点	27	【は行】		巻尺の特性値	8, 12
柱状体	117			目測	7
丁張	87	倍横距法	3, 47	もりかえ点	27
長方形法	110, 111	倍角	41	盛土	87
張力補正	12	倍角差	41	【や行】	
直接距離測量	7	倍角法	38, 40		
貯水量	114	バーニヤ	38, 140	やり形	87
地理情報システム	4, 91, 104	反位	38	有効数字	2
チルチングレベル	27, 134	反射プリズム	13	用地幅	84
対回	38	汎地球測位システム	91	余裕幅	84
定位	17	比高	122	【ら行】	
ディジタルマッピング	125	左親指の法則	135		
ディジタルマップ	104	標高	27, 34, 78	ラスタモデル	104
データコレクタ	3	標尺	31, 78	リモートセンシング	97
点高法	115	標尺台	31	リアルタイムキネマティック	
電子基準点	143	プラニメーター		測位	92
電子野帳	3		110, 112, 113, 117, 144	両端断面平均法	114
天頂角	39	プリズモイド	117	輪郭	42
東京湾平均海面	27	分光特性	98		
等高線	56, 82, 117	平均二乗誤差	12, 36		

B.M.	27, 34	geographical information system	4	I.P.	27, 78
B.S.	27	G.H.	27	map digitize	4
DEM	104	GIS	4, 91, 104	NDVI	99
DGPS	92, 142	GNSS	91, 143	RS	91
digital mapping	125	GPS	4, 56, 91, 141	T.P.	27
F.S.	27	I.H.	27	WGS-84	94, 142

── 著者略歴 ──

細川 吉晴（ほそかわ よしはる）
- 1972年 岩手大学農学部農業土木科卒業
- 1975年 岩手大学大学院修士課程修了
  （農業工学専攻）
- 1989年 農学博士（東北大学）
- 1990年 北里大学助教授
- 2009年 宮崎大学教授
- 2015年 宮崎大学名誉教授
- 2017年 博士（工学）（八戸工業大学）

今野 惠喜（こんの けいき）
- 1976年 東北学院大学工学部土木工学科卒業
- 1976年 八戸工業高等専門学校助手
- 1987年 八戸工業高等専門学校講師
- 1990年 八戸工業高等専門学校助教授
- 2000年 八戸工業高等専門学校教授
- 2017年 八戸工業高等専門学校名誉教授

諸泉 利嗣（もろいずみ としつぐ）
- 1986年 京都大学農学部農業工学科卒業
- 1990年 京都大学大学院修士課程修了
  （農業工学専攻）
- 1997年 博士（農学）（京都大学）
- 1999年 岡山大学助教授
- 2005年 岡山大学大学院助教授
- 2007年 岡山大学大学院准教授
- 2010年 岡山大学大学院教授
  現在に至る

西田 修三（にしだ しゅうぞう）
- 1979年 北海道大学工学部応用物理学科卒業
- 1984年 北海道大学大学院博士課程修了
  （応用物理学専攻）
  工学博士
- 1998年 大阪大学大学院助教授
- 2008年 大阪大学大学院教授
  現在に至る

藤原 広和（ふじわら ひろかず）
- 1986年 岩手大学農学部農業土木学科卒業
- 1999年 八戸工業高等専門学校助教授
- 2001年 博士（工学）（東北大学）
- 2007年 八戸工業高等専門学校准教授
- 2011年 八戸工業高等専門学校教授
  現在に至る

守田 秀則（もりた ひでのり）
- 1987年 岡山大学農学部農業工学科卒業
- 1989年 京都大学大学院修士課程修了
  （熱帯農学専攻）
- 1991年 香川大学助手
- 1997年 博士（農学）（京都大学）
- 2004年 岡山大学助教授
- 2007年 岡山大学大学院准教授
- 2017年 岡山大学大学院教授
  現在に至る

よくわかる測量実習（増補）
Guide to Practical Surveying

© Hosokawa, Nishida, Konno, Fujiwara, Moroizumi, Morita 1998, 2008

1998年 4月30日 初版第1刷発行
2008年 4月30日 初版第11刷発行（増補）
2019年 2月10日 初版第21刷発行（増補）

検印省略

著 者	細 川 吉 晴
	西 田 修 三
	今 野 惠 喜
	藤 原 広 和
	諸 泉 利 嗣
	守 田 秀 則
発 行 者	株式会社 コロナ社
代 表 者	牛 来 真 也
印 刷 所	新日本印刷株式会社
製 本 所	有限会社 愛千製本所

112-0011 東京都文京区千石 4-46-10
発 行 所 株式会社 コロナ社
CORONA PUBLISHING CO., LTD.
Tokyo Japan

振替00140-8-14844・電話(03)3941-3131(代)
ホームページ http://www.coronasha.co.jp

ISBN 978-4-339-05223-7 C3051 Printed in Japan （江口）

<JCOPY> <出版者著作権管理機構 委託出版物>
本書の無断複製は著作権法上での例外を除き禁じられています。複製される場合は、そのつど事前に、出版者著作権管理機構（電話 03-5244-5088, FAX 03-5244-5089, e-mail: info@jcopy.or.jp）の許諾を得てください。

本書のコピー、スキャン、デジタル化等の無断複製・転載は著作権法上での例外を除き禁じられています。
購入者以外の第三者による本書の電子データ化及び電子書籍化は、いかなる場合も認めていません。
落丁・乱丁はお取替えいたします。

土木系 大学講義シリーズ

(各巻A5判，欠番は品切です)

■編集委員長　伊藤　學
■編集委員　青木徹彦・今井五郎・内山久雄・西谷隆亘
　　　　　　榛沢芳雄・茂庭竹生・山﨑　淳

配本順			頁	本体
2. (4回)	土木応用数学	北田俊行著	236	2700円
3. (27回)	測量学	内山久雄著	206	2700円
4. (21回)	地盤地質学	今井・福江 共著 足立	186	2500円
5. (3回)	構造力学	青木徹彦著	340	3300円
6. (6回)	水理学	鮭川　登著	256	2900円
7. (23回)	土質力学	日下部　治著	280	3300円
8. (19回)	土木材料学(改訂版)	三浦　尚著	224	2800円
10.	コンクリート構造学	山﨑　淳著		
11. (28回)	改訂 鋼構造学(増補)	伊藤　學著	258	3200円
12.	河川工学	西谷隆亘著		
13. (7回)	海岸工学	服部昌太郎著	244	2500円
14. (25回)	改訂 上下水道工学	茂庭竹生著	240	2900円
15. (11回)	地盤工学	海野・垂水編著	250	2800円
17. (30回)	都市計画(四訂版)	新谷・髙橋 共著 岸井・大沢	196	2600円
18. (24回)	新版 橋梁工学(増補)	泉・近藤共著	324	3800円
19.	水環境システム	大垣真一郎他著		
20. (9回)	エネルギー施設工学	狩野・石井共著	164	1800円
21. (15回)	建設マネジメント	馬場敬三著	230	2800円
22. (29回)	応用振動学(改訂版)	山田・米田共著	202	2700円

定価は本体価格+税です。
定価は変更されることがありますのでご了承下さい。

図書目録進呈◆

土木・環境系コアテキストシリーズ

(各巻A5判)

■編集委員長　日下部 治
■編 集 委 員　小林 潔司・道奥 康治・山本 和夫・依田 照彦

共通・基礎科目分野

配本順				頁	本体
A-1 (第9回)	土木・環境系の力学	斉木　　　功 著		208	2600円
A-2 (第10回)	土木・環境系の数学 ―数学の基礎から計算・情報への応用―	堀　宗　朗 市村　　強 共著		188	2400円
A-3 (第13回)	土木・環境系の国際人英語	井合　　進 R. Scott Steedman 共著		206	2600円
A-4	土木・環境系の技術者倫理	藤原　章正 木村　定雄 共著			

土木材料・構造工学分野

B-1 (第3回)	構　　造　　力　　学	野村　卓史 著	240	3000円
B-2 (第19回)	土　木　材　料　学	中村　聖三 奥松　俊博 共著	192	2400円
B-3 (第7回)	コンクリート構造学	宇治　公隆 著	240	3000円
B-4 (第4回)	鋼　　構　　造　　学	舘石　和雄 著	240	3000円
B-5	構　造　設　計　論	佐藤　尚次 香月　　智 共著		

地盤工学分野

C-1	応　用　地　質　学	谷　　和夫 著		
C-2 (第6回)	地　　盤　　力　　学	中野　正樹 著	192	2400円
C-3 (第2回)	地　　盤　　工　　学	髙橋　章浩 著	222	2800円
C-4	環　境　地　盤　工　学	勝見　　武 乾　　徹 共著		

配本順			頁	本体

水工・水理学分野

配本順				頁	本体
D-1	(第11回)	水理学	竹原幸生著	204	2600円
D-2	(第5回)	水文学	風間 聡著	176	2200円
D-3	(第18回)	河川工学	竹林洋史著	200	2500円
D-4	(第14回)	沿岸域工学	川崎浩司著	218	2800円

土木計画学・交通工学分野

				頁	本体
E-1	(第17回)	土木計画学	奥村 誠著	204	2600円
E-2	(第20回)	都市・地域計画学	谷下雅義著	236	2700円
E-3	(第12回)	交通計画学	金子雄一郎著	238	3000円
E-4		景観工学	川﨑雅史・久保田善明共著		
E-5	(第16回)	空間情報学	須﨑純一・畑山満則共著	236	3000円
E-6	(第1回)	プロジェクトマネジメント	大津宏康著	186	2400円
E-7	(第15回)	公共事業評価のための経済学	石倉智樹・横松宗太共著	238	2900円

環境システム分野

			頁	本体
F-1	水環境工学	長岡 裕著		
F-2 (第8回)	大気環境工学	川上智規著	188	2400円
F-3	環境生態学	西村 修・山田一裕・中野和典共著		
F-4	廃棄物管理学	島岡隆行・中山裕文共著		
F-5	環境法政策学	織 朱實著		

定価は本体価格+税です。
定価は変更されることがありますのでご了承下さい。

図書目録進呈◆

環境・都市システム系教科書シリーズ

（各巻A5判，欠番は品切です）

- ■編集委員長　澤　孝平
- ■幹　　　事　角田　忍
- ■編集委員　荻野　弘・奥村充司・川合　茂
  　　　　　　嵯峨　晃・西澤辰男

配本順	書名	著者	頁	本体
1．（16回）	シビルエンジニアリングの第一歩	澤 孝平・嵯峨 晃・川合 茂・角田 忍・荻野 弘・奥村充司・西澤辰男 共著	176	2300円
2．（1回）	コンクリート構造	角田 忍・竹村和夫 共著	186	2200円
3．（2回）	土質工学	赤木知之・吉村優治・上 俊二・小堀慈久・伊東 孝 共著	238	2800円
4．（3回）	構造力学Ⅰ	嵯峨 晃・武田八郎・原 隆・勇 秀憲 共著	244	3000円
5．（7回）	構造力学Ⅱ	嵯峨 晃・武田八郎・原 隆・勇 秀憲 共著	192	2300円
6．（4回）	河川工学	川合 茂・和田 清・神田佳一・鈴木正人 共著	208	2500円
7．（5回）	水理学	日下部重幸・檀 和秀・湯城豊勝 共著	200	2600円
8．（6回）	建設材料	中嶋清実・角田 忍・菅原 隆 共著	190	2300円
9．（8回）	海岸工学	平山秀夫・辻本剛三・島田富美男・本田尚正 共著	204	2500円
10．（9回）	施工管理学	友久誠司・竹下治之 共著	240	2900円
11．（21回）	改訂 測量学Ⅰ	堤 隆 著	224	2800円
12．（22回）	改訂 測量学Ⅱ	岡林 巧・堤 隆・山田貴浩・田中龍児 共著	208	2600円
13．（11回）	景観デザイン ―総合的な空間のデザインをめざして―	市坪 誠・小川総一郎・谷平 考・砂本文彦・溝上裕二 共著	222	2900円
15．（14回）	鋼構造学	原 隆・山口隆司・北原武嗣・和多田康男 共著	224	2800円
16．（15回）	都市計画	平田登基男・亀野辰三・宮腰和弘・武井幸久・内田一平 共著	204	2500円
17．（17回）	環境衛生工学	奥村充司・大久保孝樹 共著	238	3000円
18．（18回）	交通システム工学	大橋健一・栁澤吉保・髙岸節夫・佐々木恵一・日野 智・折田仁典・宮腰和弘・西澤辰男 共著	224	2800円
19．（19回）	建設システム計画	大橋健一・荻野 弘・西澤辰男・栁澤吉保・鈴木正人・伊藤 雅・野田宏治・石内鉄平 共著	240	3000円
20．（20回）	防災工学	渕田邦彦・疋田 誠・檀 和秀・吉村優治・塩野計司 共著	240	3000円
21．（23回）	環境生態工学	宇野宏司・渡部守義 共著	230	2900円

定価は本体価格+税です。
定価は変更されることがありますのでご了承下さい。

図書目録進呈◆